创新设计系列课程
——绿色发展创新与实践

胡 清 | 主 编

王 超 胡博文 王 宏 | 副主编

中国建筑工业出版社

图书在版编目（CIP）数据

创新设计系列课程. 绿色发展创新与实践 / 胡清主编；王超，胡博文，王宏副主编. —北京：中国建筑工业出版社，2022.3

ISBN 978-7-112-27119-1

Ⅰ. ①创… Ⅱ. ①胡… ②王… ③胡…④王… Ⅲ. ①环境设计 Ⅳ. ①TU-856

中国版本图书馆CIP数据核字（2022）第033863号

责任编辑：于 莉
书籍设计：锋尚设计
责任校对：张惠雯

创新设计系列课程
——绿色发展创新与实践
胡 清 主 编
王 超 胡博文 王 宏 副主编

＊

中国建筑工业出版社出版、发行（北京海淀三里河路9号）
各地新华书店、建筑书店经销
北京锋尚制版有限公司制版
天津图文方嘉印刷有限公司印刷

＊

开本：787毫米×1092毫米 1/16 印张：15¼ 字数：253千字
2022年3月第一版 2022年3月第一次印刷
定价：**155.00** 元
ISBN 978-7-112-27119-1
（38963）

本书编委会

主　编：**胡　清**

副主编：**王　超　胡博文　王　宏**

编　委：（按姓氏笔画排序）

王　峰　王希铭　江宏川　许盛彬

杨梦曦　何晋勇　林斯杰　孟祥伟

赵　航　钟日钢　俞　露

前言
Foreword

整个人类社会正在经历着百年未有之大变局，大变局的引领来自于通信行业以及互联网的发展及应用。随着各行各业数字化的发展，为物联网、大数据、芯片技术、区块链、人工智能创造了各种各样的应用场景，也使得生态环境领域的创新技术随之而来。随着这一波创新技术的深入发展，生态环境从监测、治理到管理，必将出现颠覆性技术，让科学治污、精准治污、法制治污成为生态环境的根本。

随着我国碳减排、碳中和目标的提出，我国开启了"3060"的时代。面临新的世界形势及新冠肺炎疫情管控的要求，未来我们需选择用一种创新的模式继续生产生活，每个人都需要走一条新的路。2021年8月9日，联合国秘书长安东尼奥·古特雷斯提出：2021年后再不允许新建燃煤电厂，经济合作与发展组织国家须在2030年之前逐步淘汰现有煤炭，所有其他国家必须在2040年之前效仿；各国还应停止所有新的化石燃料勘探和生产，并将化石燃料补贴转用于可再生能源。2021年11月30日，国际社会进入了一个实质性减排温室气体的阶段，人类发展史上首次制定了国际法律框架，用以限制人类活动对地球系统碳循环和气候变化的干扰。2021年11月11日，在格拉斯哥气候峰会上，中国和美国在气候大会期间联合发布了《中美关于在21世纪20年代强化气候行动的格拉斯哥联合宣言》。双方承诺继续共同努力，并与各方一道，加强《巴黎协定》的实施。这个宣言表示，中美两国计划建立"21世纪20年代强化气候行动工作组"，该工作组将定期举行会议以应对气候危机并推动多边进程，聚焦在此十年强化具体行动。随着科技的迅速发展，世界数字化、经济数字化、生活数字化越来越成为现实，也为最终的世界碳中和打下了坚实的基础，整个世界将从地球资源消耗型转型为利用人类自己"创造"的大量"垃圾"（放错的资源）的消耗型，全球将走向新规则时代。

为了实现这一目标，我们需要通过教育，让每个人认识到未来的生活及生产方式必须改变才能达到碳减排目标，也才能真正适应"3060"新时代。在这样一个时代，我们的教育事业应当如何发展？如何培养能够适应新时代的人才？这是摆在每个教育工作者面前的重要议题。年轻的一代是互联网下成长的一代，他们从小就会使用手机，生活在数字化及网络化的时代，他们的知识不仅仅来源于传统的课堂教育（课堂教育更多是对过去知识经验的总结），而他们的学习更多来自自我的发掘，通过同伴、网络、各种会议等来自我学习层出不穷、日新月异的新技术应用，这是传统教学难以企及的学习模式。这种新学习模式的学习效率更高、知识领域更广泛、学习的时间及地点也不仅仅拘泥于传统的课堂。我们的教育应该尽快转向培养年轻人成为最积极改变现状、不断交叉交互学习、走向创新的人才。

全球气候变化及新冠肺炎疫情，让这个百年不遇的大变局成为新时代的起点，数字经济及信息化技术让这个时代的年轻人拥有更强大的力量，没有哪一代人比当下的人能够更快地做出改变并扩散影响力。我们现在达成目标的速度已经大幅缩短，在科技的帮助下，每个人都可以通过网络上的工具、自己的潜能和能力建设一个更美好的世界。这是有史以来最好的时代，无论你选择如何对待自己的生活，也无论你将自己的激情燃烧在哪里。

作为生态环境专业的教育工作者，在中国高等教育的改革试验田——南方科技大学创办了新型的环境工程专业课程——生态环境创新设计与实践课程。课程面向创新与环保需求紧密结合的实际应用场景，为环境工程专业的大四学生提供了一个机会，让他们利用自己的知识、创新思维以及各种能力去解决企业中的各种实际环境课题。通过课程项目实践，学生们全面提升了认真做事的态度、勤奋的品质、与人沟通的能力、自控力、坚毅力、探索未知的欲望、批判性思维、开放性思维、执行力和领导力等素养，而这些素养是学生走向社会、进入工作岗位最重要的能力要求。

本书分为两个部分，第一部分为1~3章，介绍了面向未来的人才培养的十大核心要素以及培养方法。同时，介绍了关于创新设计课程的背景、课程性质与任务、课程要求、评价标准等要素。第二部分是教学实践案例分析，分别涉及水、生态、固废、废气、噪声、循环经济、智慧环保等当前生态环境领域急需探索的热点问题。通过案例，读者可以看出创新设计课程实践对培养学生各项能力的促进作用。本书可供教授环境相关专业实践课程的教师与相关专业的同学参考。

目录
Contents

第8章　宝安区工业用地对周边民生项目
环境影响调查研究　**175**

第 1 章

未来人才培养的
十大核心要素

党的十九大报告指出："建设教育强国是中华民族伟大复兴的基础工程，必须把教育事业放在优先位置，深化教育改革，加快教育现代化，办好人民满意的教育"[1]。育人是一个国家发展的基础所在，只有将优秀的文化薪火相传，才能够使一个国家保持应有的底蕴，并激发出无限的活力。我们目前正经历着百年未有之大变局，在这样一个时代，我们的教育事业应当如何发展？作为一个教育者最应当关注的问题是什么？早在19世纪德国教育学家阿道尔夫·第斯多惠就曾说过："教学的艺术不在于传授本领，而在于激励、唤醒、鼓舞。"我想这句话放在当今世界也十分受用。尽管我们的世界瞬息万变，所接触到的信息与知识也是日新月异，然而却总有一些亘古不变的道理与品质需要我们去坚守，它们决定了一个人是否能够摒弃平庸，顺应时代，从人群中脱颖而出。本章总结了未来人才培养所需的十大核心要素，并结合一些故事与名人事例进行叙述，希望能够对读者有所启发。

1.1 | 认真的态度

美国已故大演说家、"成功学家鼻祖"罗曼·文森特·皮尔的一句名言：态度决定高度。已经成为现在许多人的座右铭。那么态度对于一个人、一件事来讲究竟有多重要？我们不妨先看一下下面这个故事[2]。

在美国西雅图的一所教堂中有一位德高望重的牧师——戴尔·泰勒。有一天，他向全班同学承诺：谁要是能够背出《圣经》马太福音中第五章到第七章的全部内容，就能够去"太空针"高塔餐厅参加免费聚餐。《圣经》马太福音中第五章到第七章的全部内容有几万字且不押韵，全部背诵下来难度极大。尽管参加免费聚餐几乎是每个学生梦寐以求的事，但大家仍然在这巨大的困难面前望而却步了。

然而几天之后，班中有一个小男孩走到前面，按照牧师的要求一字不差地背诵了全文，并且到后面简直变成了声情并茂的朗诵。泰勒牧师十分清楚，能够背诵下这些篇幅的成年人也是极为罕见的，更何况一个孩子能够在区区数日之内完成。因此牧师不禁好奇地问这个孩子："你为什么能够背诵下这么长的文字呢？"那个孩子却只是简单地回答道："因为我竭尽了全力。"这个孩子就是现在家喻户晓的微软创始人——比尔·盖茨。

所以为什么态度决定高度？认真做事只是把事情做对，用心做事才能把事情做好。只有当我们用心去做一件事，才能够最大地激发自身的潜力，在漂亮地完成任务的同时提升自己的能力。而当我们用心去做每一件事的时候，则会在这不断的训练中将自己提升到一个新的高度。

不论对人还是对事，认真严谨的态度都极为重要。泰坦尼克号沉没的原因不仅仅是因为撞上了冰山，还因为船体上使用了一部分劣质的铆钉，其钢材结构在零度以下会变得非常脆弱，以至于在撞击冰山后，多个水密隔舱破裂进水，从而导致了悲剧的发生。千里之堤溃于蚁穴，细节往往决定成败。因此，态度决定了一切。

1.2 | 勤奋的品质

业精于勤荒于嬉，行成于思毁于随。自古以来人们就将成功与勤奋紧密地联系在一起，而各种各样的名人事迹也提醒我们，想要取得成就，勤奋是必不可少的。伯特兰·罗素曾说过："伟大的事业根源于坚韧不断的工作，以全副精神去从事，不避艰苦。"

泳坛神话迈克尔·菲尔普斯，是一个不折不扣的游泳天才，但在他荣耀的背后，却付出了常人无所能及的努力。从11岁起，他就以夺取奥运金牌为目标，开始了极其艰苦的训练：每周训练7天，每天至少游5个小时，几乎每一天都泡在泳池中，每天要游15~20公里。他曾说："我知道没有人比我训练更刻苦。"正是这样刻苦的天才，成就了在一届奥运会中夺得8块金牌的神话。

然而很多人会提出异议，认为成功更多归因于一个人的天分而不是努力。他们会问："我起早贪黑地工作，每天也很累，为什么事业却没有什么起色呢？"这是因为吃苦并不等于勤奋。许多人多年如一日地做着重复性的工作，却从不去思考如何在能力上提升自己，让自己能够不断地胜任更为复杂的工作。勤奋的人更多吃的并非体力的苦，而是脑力上的苦、意志力的苦。勤奋是不断学习的过程，思考的过程，也是创造的过程，而非简单机械地重复。因此，仅仅体力上的勤奋无法掩盖精神的懒惰，精神懒散的人，无论看起来多么勤奋，只是为了感动自己而演的闹剧。我们需要的勤奋，是能够在日复一日的工作中不断地学习，不断地思考，更新自己，提升能力，从而创造价值。这才是勤奋真正的意义所在。

1.3 | 与人沟通的能力

一般说来，人际沟通的能力指一个人与他人有效地进行信息交互的能力。同时，沟通能力不仅限于能说会道的能力，实际上它包括了整个人的言谈举止、行为修养。一个具有良好沟通能力的人，可以将自己所拥有的专业知识以及能力进行充分的表达与发挥，从而创造更多的价值。

人是社会的动物，社会是人与人相互作用的产物。卡尔·马克思指出："人是一切社会关系的总和，一个人的发展取决于和他直接或间接进行交往的其他一切人的发展。"因此，沟通能力是一个人生存与发展的必备能力，也是决定一个人成功的必要条件。国际21世纪教育委员会向联合国教科文组织提交的报告中指出："学会共处是对现代人的最基本的要求之一。"

在企业中，沟通的重要性毋庸置疑。可以说没有良好的沟通，就没有成功的企业。企业内部间的沟通能够直接影响到企业内所有员工的工作感受与效率[3]。美国沃尔玛百货有限公司总裁萨姆·沃尔顿曾说过："如果必须将沃尔玛管理体制浓缩成一种思想，那可能就是沟通，因为它是我们成功的真正关键之一。"丰田汽车公司的总裁奥田硕在他长期的职业生涯中，有1/3的时间是在丰田城里度过，和公司里的工程师们聊天，聊工作上的想法、生活中的困难；另有1/3的时间用来走访5000名经销商，和他们聊业务，听取他们的意见。

随着时代的进步，人们需要胜任的工作和遇到的问题变得越来越复杂，往往需要一个团队的通力合作才能够解决。然而值得庆幸的是，我们现在处于一个信息化的时代，世界各国通过互联网紧密联系在了一起，沟通方式在不断地改变、升级、人与人之间的信息分享变得更加容易。也正因此，与人沟通的能力不论在生活中还是职场中都变得越来越重要。拥有出色的沟通能力，我们就能更好地扩大自己的认知，提升自己的思维，从而找到解决问题的方法。

1.4 | 自控力

自控力指个人控制和调节自己思想感情、举止行为的能力。对于一件你不想做却又应该做的事，能够通过意志力来控制自己去完成它；对于一件想做却不应该做的事，能够强迫自己去拒绝它，这都是自控力的体现。

20世纪60年代，美国斯坦福大学心理学教授沃尔特·米歇尔设计了一个经典的实验，称为"延迟满足"实验[4]。他随机选取了一批儿童，每人发一颗糖果，同时告诉他们："如果谁可以在20分钟内不吃掉这颗糖，就能够再得到一颗，如果吃掉了则不会再发。"一部分孩子当时就吃掉了这颗糖，另一部分则忍到了20分钟之后并得到了两颗。在后来的追踪观察中，实验者发现那些能够"延迟满足"的孩子在长大后能够表现出更强的适应力，也更容易取得优异的成绩并在事业上获得成功。

古希腊哲学家苏格拉底手下有许多天资聪颖的学生。有一次苏格拉底对学生们说："从今天起大家要完成一项任务，将自己的胳膊先尽力向前甩再尽力向后甩，每天300次，大家能做到吗？"学生们听后都笑了，这么简单的事情谁会做不到呢？第二天，苏格拉底问学生："有谁昨天做到了请举手？"在场的学生都举起了手。一周之后，苏格拉底再问，仍有一大半的学生举起了手。一个月后，苏格拉底再问学生："有哪些同学一直坚持了？"只有少数几名学生举起了手。一年之后，苏格拉底又问了一次。这次，全班只有一名学生骄傲地举起了手。这名学生就是后来古希腊另一位伟大的哲学家——亚里士多德[5]。

因此，往往决定我们成就的，并不是我们有多聪明，而是我们的自控力。人生路上的种种诱惑，都是防不胜防，他们就如细菌一般无孔不入，腐蚀你的生命之树，让你陷入万劫不复，能够控制住自己的人，才能够掌握自己的命运。

1.5 坚毅力

坚毅力，这一概念与自控力有相似之处，却也不尽相同。宾夕法尼亚大学心理学系副教授安吉拉·达克沃斯对坚毅力一词做出了解释："坚毅力，是为实现一个长期目标所有的激情与毅力。"与自控力不同的是，坚毅力中包含了两部分，激情与毅力。激情来源于你对长远目标的一种渴望；而毅力，则能够让你在追逐目标这条漫长曲折的道路上顽强地走下去。因此，坚毅力，是对长远目标的一种热爱与追求，它不仅限于一时的热度，而是日复一日、年复一年的坚持不懈，直到实现自己的目标。坚毅的人不会惧怕失败，因为他们心中有理想，能够相信失败只是暂时的，只要不断地爬起来就一定不会一直失败下去。

在《读者》文摘中，有这样一个故事被人们广为流传[6]。罗杰·罗尔斯是美国纽约州历史上第一位黑人州长。他出生在纽约声名狼藉的大沙头贫民窟，这里环境肮脏，充满暴力，导致这里的孩子也只能够随波逐流。1961年，皮尔·保罗担任了大沙头诺必塔小学的校长，来到这所学校他发现，这里的孩子大多是无所事事，旷课、斗殴等现象随处可见，罗杰·罗尔斯也不例外。皮尔·保罗想了许多办法来引导他们，可是没有奏效。后来他发现这些孩子都很迷信，于是他就用课堂上给学生看手相这个办法来鼓励他们。

当皮尔·保罗看到罗尔斯的手之后，对他说："我一看你修长的小拇指就知道，将来你是纽约州的州长。"当时，罗尔斯大吃一惊，因为长这么大，只有他奶奶让他振奋过一次，说他可以成为5吨重的小船的船长。这一次，皮尔·保罗先生竟说他可以成为纽约州的州长，着实出乎他的预料。他记下了这句话，并且相信了它。

从那天起，"纽约州州长"就像一面旗帜。罗尔斯的衣服不再沾满泥土，说话时也不再夹杂污言秽语，他开始挺直腰杆走路，在以后的40多年间，他没有一天不按州长的标准要求自己。51岁那年，他终于成了州长。

在就职演说中，罗尔斯说："信念值多少钱？信念是不值钱的，它有时甚至是一个善意的欺骗，然而你一旦坚持下去，它就会迅速增值。"所以什么是坚毅？就是认准一个目标，然后坚持下去，而伟大人物最明显的标志，就是坚强的意志。安吉拉在研究中也发现，影响一个人成功最重要的因素并不是智商，而是坚毅力。奥斯卡最佳影片《阿甘正传》阐述的就是这个道理：尽管我们与天才无缘，甚至天赋低人一等，但只要足够坚毅，就一定不会一事无成。

1.6 | 求知欲

求知欲，指一个人探求知识的欲望。这种欲望来自于人内在的一种精神需要——认知的需要。同时求知欲区别于好奇心，好奇心往往是人对未知事物的一种短暂探索，而求知欲则是一种比较稳定的认知需要，它表现为对于知识的不断探索与获取[7]。求知欲是人类进步的动力。史蒂夫·乔布斯曾在斯坦福的演讲中对台下的年轻人说："Stay hungry. Stay foolish."而乔布斯本人也是这样做的，他在这次演讲中讲到了自己的一个故事[8]。

当时，里德学院有全美国最好的书法课。而当时乔布斯已经退学，不用花费大量的时间去完成那些必修课，因此他根据兴趣选择旁听了一门自己并不了解的书法课，学习如何将自己的字写得漂亮。他学习了写带短截线和不带短截线的印刷字体，以及如何根据不同字母组合调整间距，从而把版式调整得非常好看。虽然乔布斯将这门课形容为妙不可言，但他并不指望书法在以后的生活中能有什么实用价值。然而，十年之后，乔布斯在设计第一台Mac计算机时，这些书法字体一下子浮现在脑海之中。他将这些东西全都设计进了计算机中，从而出现了第一台有着漂亮文字版式的计算机。虽然我们无法从现在看到将来，但当多年之后我们回头看时，就能发现每一分积累都有它的价值。

伦纳德·蒙洛迪在《思维简史》中讲道，人类之所以能够被称作高级动物，其真正的高级之处就在于求知欲。是求知欲帮助人们获取事物的原理，看清事物之间的因果关系，而只有理解了这些原理，我们才能对这些事物加以控制和利用。是求知欲促成了科学的出现，推动了科学的发展。瓦·阿·苏霍姆林斯基曾说过："当一个年幼的人不是作为冷漠的旁观者，而是作为劳动者，发现了许许多多'为什么'，并且通过思考、观察和动手而找到这些问题的答案时，在他身上就会像由火花燃成火焰一样，产生独立的思考。"因此，求知欲是知识的起源，也是思维的起源。

1.7 | 批判性思维

批判性思维这个词语由英文Critical Thinking 翻译而来，指通过一定的标准评价思维，进而改善思维，是一种合理的、反思性的思维。具体来说，批判性思维指对自己和他人观点做出谨慎、多角度的理解与思考，通过分析、比较、综合，进而达到对事物本质更为准确和全面认识的一种思维活动[9]。

批判性思维最早可以追溯到苏格拉底时期。苏格拉底经常使用讨论式的教育方法来启发学生，通过辩论、提问等方式来找出学生们观点的矛盾之处与逻辑上的缺陷，从而引发学生更加深入的思考，这种方式被称为"苏格拉底问答法"。这种问答法是一种推理思辨的过程，强调对一个问题或概念需要进行多角度的思考与分析，而不是简单听从于前人或权威人士的看法，这就是批判性思维的由来[10]。

到了现代，许多学者对批判性思维有不同的理解和定义，其中以罗伯特·恩尼斯的定义最为简洁且得到了广泛引用："批判性思维是合理的、反思性的思维，其目的在于决定我们去相信什么和做什么。"要理解这一定义，我们需要明确两个概念：批判和反思性。

对于批判来讲，我们首先需要遵循几个基本原则：第一个是宽容原则，即以合理范围内的最大限度来理解所批判的对象。如果没有准确地理解批判的对象甚至产生了误解，接下来的批判也会受到影响。第二个是中立原则。我们在评价事物时需要选取一个标准，而这个标准的中立性则是批判的一个重要条件。正是这两个原则确保了思维的客观性、公正性以及合理性。因此，批判性思维是一种建设性的思考方式，它意味着理解与评判，而非辩论或反驳这种破坏性的思考方式[11]。理查德·保罗在《批判性思维》中指出："批判性思维是自我指导、自我规范、自我检验和自我矫正的思考。"

批判性思维不论在什么时代都有其重要的意义与价值。阿尔伯特·爱因斯坦曾说过："应该把独立思考和综合判断能力放在首位，而不是获得特定知识的能力。"因此，批判性思维往往不是我们理解的"与别人较劲"，而应该是"与自己较劲，与事实较劲，与真理较劲"。正是在这不断地思考与判断中，我们改变了自己，完善了自己，使自己不断进步。

1.8 开放性思维

开放性思维，是指突破传统思维定式和狭隘眼界，多视角、全方位看问题的思维[12]。拥有开放性思维的人能够接受新的观点与可能性，即使这种观点与可能性与过去的看法不同甚至违背。同时，开放性思维不意味着一味地听取与接受，它来源于自己对事物的判断，将自己置于一个中立的角度来分析这些观点和可能性是否值得接受。

拥有开放性思维的人总是能够更好地解决问题。因为他们不会仅仅拘泥于单一的方法，而是会从多种不同的角度考虑问题，从而寻找更多、更好的解决问题的途径。美团的成功就离不开王兴出色的思维模式。在美团成立的初期，正是电商风靡的时代。当时许多电商都将阿里巴巴作为竞争对象，而王兴的创业思路则是如何与阿里错位竞争。他放弃了像阿里一样做实物电商，而是将目光转向本地生活服务电商，通俗地说就是"外卖"。这种思想的转变巧妙地使美团避开了电商之间惨烈的竞争，为自己开拓了一片更广阔的天地。因此，跳出封闭的思维模式，能使我们更好地绕过阻碍，使问题迎刃而解。

拥有开放性思维的人能够很好地扩大自己的认知。他们更善于去接纳新的观点、想法以及新兴事物。在现在这个信息化时代，新生事物层出不穷，人们对于事情的看法在不断更新，一个人如果没有开放的思维去主动接受这些新的事物和观点，很容易被时代淘汰。柯达公司曾经是影像界的代名词，创建于1880年，业务遍布全世界，在它最辉煌的时候，中国市场只有一种胶卷，就是柯达。然而，2012年柯达申请破产，从一家世界最大的胶卷生产商，变成了一家目前市值不到10亿美元的商业图文影像处理公司。而柯达破产的最主要原因，正是因为没有意识到数码影像会成为一种完全取代胶卷的全新的市场业务，同时也没有从消费者的角度来考虑问题，而是认为自己可以通过垄断来维持现状。正是这种封闭又僵化的思维模式，导致这样一个记录了人类100年历史的伟大公司从此销声匿迹[13]。英国太阳报曾刊登了一句著名的话：世界上唯一不变的，只有"任何事物都是在不断变化的"这条真理。因此，只有时刻保持开放的思维，不断接受新生事物，才能够顺应社会规律，跟上时代的潮流，使自己不断前进。

1.9 | 执行力

执行力，一直是职场中的核心竞争能力之一。执行力是指完成预定目标的实际操作能力。一个人很勤奋并不等于它有着很强的执行力，因为执行力的基本条件是要能够完成预期的目标，这是一种以结果为导向的能力，而不是以过程为导向。因此，执行力不讲如果，只讲结果，这实际上是对我们的工作能力提出了一个更高的要求。然而，执行力不论是对于个人还是一个团体的发展都至关重要。

孙正义曾说过："三流的点子加一流的执行力，永远比一流的点子加三流的执行力要好。"也有相似观点认为："一个企业的成功5%在战略，95%在执行。"执行力的重要性不言而喻。许多专业人士也对执行力所包含的具体内容做了解读，大致可以归为以下三个准则[14]。

第一条：决心第一，成败第二。决心永远是成功的基础。阿尔伯特·哈伯德的小说《把信送给加西亚》是根据安德鲁·罗文亲身经历所写的一部作品。这本书描述的是在美西战争爆发时期，美国总统威廉·麦金莱必须立即与古巴岛的起义军首领卡利斯托·加西亚将军取得联系，军事情报局向总统推荐了安德鲁·罗文。因此，安德鲁·罗文需要将一封具有战略意义的书信在有限时间内送到加西亚手中，当时的情况是加西亚正在丛林中作战，没有人知道他在什么地方。然而，罗文在接受任务后，没有问任何问题，在没有任何护卫的情况下立即出发了。他徒步三周，潜入古巴岛，几经艰险，终于把信送给了加西亚将军。战争结束后，为表彰他所做的贡献，美国陆军司令为他颁发了奖章，并高度称赞他说："我要把这个成绩看作是军事战争史上最具冒险性和最勇敢的事迹"。因此，如果一件事必须去做，那就下定决心去完成它，不要在对成败的担心中徘徊。即使前路蜿蜒坎坷、荆棘丛生，只要有决心，希望总是存在的。

第二条：速度第一，完美第二。速度是执行力的关键所在。三毛曾说："等待和犹豫是这个世界上最无情的杀手。"所以执行力，就是抓住现在，立即执行，而不是花大量的时间做准备，却始终不付诸行动。同时，没有什么事情是可以一蹴而就的，完美也需要在一次次的重复与迭代中才能够实现。如目前的苹果、华为等各大企业，他们的产品都经历了一次又一次的更新换代，从而不断地向完美靠近，没有谁能够回避这个过程。我们做事业也是如此，并不需要等所有的条件都具备后再去执行，而是在行动中提高，在摸索中前进。

第三条：结果第一，理由第二。正如前面所说，执行力是一种面向结果的能力，当结果摆在眼前的时候，一切的理由都是空谈。西点军校的军规中有一条就叫做"没有任何借口"。苹果公司对公司副总裁的要求就是只看结果，不找理由。不为失败找理由，只为成功找方法，这体现的也是一个人的气度与格局。

如上面三条所说，执行力绝不仅仅是一种单一的能力，它是多种能力的组合。因此，能够拥有较强的执行力不论是对个人还是企业来说，都是一个不小的考验。然而，很多时候很难做的事和必须做的事，往往是一件事。即使再完美的计划，如果不能够有效地执行都会成为空谈。拥有了执行力，我们就拥有了将理想转变为现实的工具，从而向梦想靠近。

1.10 | 领导力

对于领导力这一概念，不同的人有着不同的定义。简单地讲，领导力指能够带领大家一起实现某个目标的能力。这种能力的关键不在于个人的办事能力，而是能够调动团队中所有人的积极性，依靠大家的力量去完成任务的能力。这是一种能够影响他人的能力，通过自己的言行举止激励周围的人，从而让他们发挥出自己应有的光和热。

对于领导力的认识，东方与西方国家存在着一定差异。东方认为，领导力是一种天赋，是与生俱来的，在后天难以学习；而西方认为，领导力来源于严密的逻辑以及详细的工作布置。例如，有的领导在布置任务时，经常爱说的一句话是："你自己看着办。"然而当下属将工作结果呈交上来之后，才继续对结果提出各种各样的疑问，从而减慢了工作进度。很多跨国企业的领导者并不是这么做的。他们在对员工布置任务时，甚至会将工作的细节重复很多遍，让员工清楚地知道什么时候需要汇报，什么时候自己可以做决定[15]。这种细致的任务分配，使得下属能够更准确地执行领导的意图，在减少内部矛盾的同时也增加了工作效率。虽然这不是领导力的唯一准则，却能够清楚地告诉我们，想做一个合格的领导者并引导他人去完成一项任务，不是简单地提出一个想法，描绘一个蓝图就足够的，而是自己首先要对需要解决的问题有一个清晰的认识，对于其中可能出现的情况做出充分的考虑。这种身先士卒的态度，往往就是激励他人的关键因素，也是领导力的重要组成。

同时，领导力强的人，往往也具有很强的同理心。"同理心（Empathy）"是心理学上的词汇，指的是能够换位思考，设身处地地为他人考虑。应用心理学专家季锴源教授认为："政治领袖、组织的领导者、管理者、营销人士都应该成为优秀的心理学专家。"这正是体现了同理心在领导力中的重要性。华为的董事长任正非，就是这样一位对员工有着很强同理心的领导。华为有着独特的股权、权力机制，创始人把接近99%的股权稀释给9万名员工，这些20多岁、30多岁的年轻人在公司中掌握着很大的权力[16]。这种机制相当于把所有人放在一条船上，做到了真正的"同舟共济"。因此，公司的所有员工都会为企业的发展竭尽所能，这就是华为得以蓬勃发展的重要原因。

除以上几点之外，领导力还包含很多不同的要素，包括担当、前瞻、宽容、自信等，是一种十分综合的能力。同时，我们自身的意愿也非常重要。是否愿意成为一名好的领导者，想并为此付出时间与努力往往是我们是否具有领导力的前提。要想激励别人，我们首先需要激励自己，心中有火，才能照亮他人。

以上就是本章总结出的未来人才培养所需的十大要素。高等教育承担着为社会输送人才的重要角色。在莘莘学子完成十二年的基础教育后，他们经过四年的本科教育，即将走上社会，在各行各业的工作岗位上发挥重要作用。因此，本科教育如何让大学生们具备上述职场中广泛认可的十大核心要素，是每一个高校老师及大学生们需要深入思考的问题。因此，本书第2章将详细探讨如何培养大学生的上述十大核心能力要素。

本章参考文献

［1］中国政府网．习近平：决胜全面建成小康社会 夺取新时代中国特色社会主义伟大胜利——在中国共产党第十九次全国代表大会上的报告［EB/OL］．2017-10-18［2017-10-27］．http://www.gov.cn/zhuanti/2017-10/27/content_5234876.htm

［2］美德网．盖茨背圣经故事［EB/OL］．2018-01-02［2021-8-20］．https://www.mei-dekan.com/wenxue/7076.html

［3］百度文库．有效领导与管理沟通［DB/OL］．2011-10-22［2021-8-20］．https://wenku.baidu.com/view/f1e991c56137ee06eff918ec.html

［4］百度百科．延迟满足实验［EB/OL］．［2021-8-20］．https://baike.baidu.com/item/延迟满足实验

［5］个人图书馆. 柏拉图甩胳膊（坚持才能成功）［EB/OL］. 2016-03-18［2021-8-20］. http://www.360doc.com/content/16/0318/00/4168681_543203488.shtml

［6］读者杂志.《信念》［J/OL］. 2008-02-23［2021-8-20］. https://www.duzhe.com/#/magazine

［7］百度百科. 求知欲［EB/OL］.［2021-8-20］. https://baike.baidu.com/item/求知欲

［8］搜狐网. 乔布斯在斯坦福大学的演讲：Stay Hungry Stay Foolish［EB/OL］. 2017-07-19［2021-8-20］. https://www.sohu.com/a/158395332_475882

［9］百度百科. 批判性思维［EB/OL］.［2021-8-20］. https://baike.baidu.com/item/批判性思维

［10］武宏志. 批判性思维：语义辨析与概念网络［J］. 延安大学学报（社会科学版），2011，33（1）：5-17.

［11］［公开课］中国青年政治学院：批判性思维［EB/OL］. 2019-12-27［2021-8-20］. https://www.bilibili.com/video/av80778827

［12］简书. 开放性思维-成长第一步［EB/OL］. 2018-04-06［2021-8-20］. https://www.jianshu.com/p/6fe1f839f721

［13］搜狐网. 柯达为什么破产?［EB/OL］. 2017-12-25［2021-8-20］. https://www.sohu.com/a/212630574_100087241

［14］好看视频. 执行力的重要性［EB/OL］. 2020-04-23［2021-8-20］. https://haokan.baidu.com/v?vid=14256231947731551429&pd=bjh&fr=bjhauthor&type=video

［15］腾讯视频. 中西方的领导力认识［EB/OL］.［2021-8-20］. https://v.qq.com/x/page/f0628e4rnc2.html

［16］凤凰网. 任正非的领导力缺陷与罕见的"同理心"［EB/OL］. 2020-11-26［2021-8-20］. https://tech.ifeng.com/c/81hxtQ7PI5t

第 2 章

如何培养未来人才
所需的十大核心要素

第1章列举了面向未来的人才培养所需的十大核心要素，并对其概念及重要性进行了叙述与总结。本章将进一步讨论在目前的高等教育中该如何培养学生使他们拥有这些重要的素质，并使其服务于学生未来的学习、工作以及生活之中。

2.1 认真态度的培养

认真无疑是人的一种良好习惯，更是一种优秀品质。认真做事的人往往能够更好地完成任务，也更容易获得他人的称赞与尊重。一个人认真做事的态度并非与生俱来，而是可以通过正确的方法来培养。那么该如何正确地培养这种态度呢？在这里总结为十二个字：始于兴趣，忠于坚持，成于习惯。

1. 兴趣是最好的老师

"兴趣是最好的老师"这句话出自于《爱因斯坦文集》。阿尔伯特·爱因斯坦认为，只有一个人对某件事产生浓厚的兴趣，才能够自发地去了解它、探索它，并从中产生愉快的情绪和体验。因此，兴趣往往是人们在探索事物时动力的来源，做自己喜欢的事，才能够有更多的把握坚持下去。著名的喜剧作家莫里哀的父亲是位商人，他希望儿子能够继承自己的事业。然而莫里哀却对经商毫无兴趣，对戏剧则是格外地痴迷。父亲一开始对他严加管教希望能够让他换一条道路，然而莫里哀依旧痴心不改并告诉父亲他喜欢的是戏剧而不是经商。终于父亲不再勉强，让他投身于戏剧之中。最终，莫里哀创作出了许多优秀作品，成为伟大的戏剧活动家。约翰·沃尔夫冈·冯·歌德曾说过："哪里没有兴趣，哪里就没有记忆。"兴趣不会说谎，大学之所以让学生们自己选择专业，目的也是如此。只有投身于自己热爱的事业，才能为这一事业奉献出全部的力量，这也是认真的起源。大学对于学生兴趣的培养是多种多样的，可以通过发展各式各样的社团活动，开拓学生的眼界，并尽可能地给予学生自主选择的权利，让学生们在丰富生活的同时了解自己的心之所向，身之所往，从而能够全身心地投入到自己喜欢的事业中。

2. 绳锯木断，水滴石穿

如果说兴趣是认真的起源，那么坚持则是我们形成认真这种品质的重要保障，因为认真做事的品质是由认真做事的习惯转化而来，而任何一种习惯的养成都并非一朝一夕。正如《荀子·劝学》所说："骐骥一跃，不能十步；驽马十驾，功在不舍。"其实放眼望去，但凡想做成任何一件事，坚持都是必不可少的，形成一种习惯也是如此。行为心理学研究曾表明：21天以上的重复会形成习惯，而90天的重复则能够形成稳定的习惯。因此习惯形成的过程也是一个坚持的过程，而习惯就是经历坚持不懈后所获得的果实。正如一句名言所说："习惯就如同一条巨缆，我们每天编结其中一根线，到最终我们无法弄断它。"所以认真的态度是如何培养出来的？首先以兴趣为基础，作为我们迈出第一步的动力；之后凭借自身的坚持不懈迫使我们持续前进，从而养成一个习惯，形成一种品质。在这一过程中，坚持下来往往是最难的部分，这就需要兴趣来为我们"减负"，使这反复重复的过程不那么枯燥。同时，大学也可以尽力去为学生们提供一系列的帮助。比如设置反馈与奖励机制，能让学生们在这漫长的道路上也收获一些成功的喜悦，从而增加坚持下去的勇气与动力。不积跬步，无以至千里；不积小流，无以成江海，拥有了认真的品质，能让我们受用终生。

2.2　勤奋品质的培养

勤奋，指的就是坚持不懈的努力。在这一过程中，我们需要克服自身精神上、身体上的惰性，不断前进从而实现自己的目标。伟大成绩的获得和辛勤劳动之间是密不可分的，只有付出一分耕耘才能够得到一分收获。然而，勤奋说来容易，却并非人人都能够做到，因为克服自身惰性往往需要充足的勇气、毅力以及正确的方法。本节我们将讨论如何培养学生勤奋的品质，主要可以总结为以下两个方面：

1．明确奋斗目标

勤奋往往是人的一种自发性行为，而非受外部力量所驱使的行为[1]。因此，若要使人产生这种自发的行为，就需要一种力量来驱使，这种力量就是奋斗目标，是勤奋的内在诱发因素。著名哲学家伊曼努尔·康德曾说过："没有目标而生活，恰如没有罗盘而航行。"有了明确的目标，才不会因为暂时的挫折而沮丧，甚至放弃。基于这一原因，当代大学教育在教导学生勤奋时首先要教导学生树立自己的志向，或为祖国繁荣富强而学习，或为改变家乡的落后面貌而奋斗，或为发家致富而刻苦钻研技术等，从而明确奋斗目标，为自己确定前进的方向。在拥有了奋斗目标后，我们才能够体会到努力所带来的价值，也才能真正拥有克服艰难险阻，不断向前的勇气与动力。

2．锲而不舍，坚定不移

在确立了奋斗目标之后，努力便有了方向。然而，这种努力还需要长期坚持下去才能称之为勤奋。因此，如何将这种努力持续下去就成了勤奋的关键因素。不知道大家在生活中有没有注意到这样一个现象：我们嗑瓜子可以一次嗑半小时甚至一小时以上而不觉疲惫，而看书学习却很难持续这么久，这是为什么呢？究其原因我们发现，嗑瓜子和学习其实是两种不同的奖励机制[2]。上一秒嗑瓜子，下一秒就能吃到瓜子，这是立竿见影的"即时奖励"。这种"奖励"的特征是反馈周期很短，人们在付出劳动之后马上就可以获得应有的喜悦感，因此更容易将目前的行为保持下去。然而学习所获得的奖励却截然不同，这种奖励以及所带来的喜悦感可能在很长一段时间之后才能够显现。等待时间越长，对个人来说奖励的价值越低，这种现象被经济学家称之为："延迟折扣"。试想一下，如果我们在读书之后马上能够看到自己离目标又近了一步，那坚持读书也就不会如此艰难了。因此，我们无法将某种努力坚持下去，正是因为这种反馈时间太长，从而让我们觉得目标太远，只好半途而废。所以我们在努力的同时可以将自己的目标进行拆分，分成一个个看似不那么遥远的小目标，增强自己坚持下去的动力。日本著名马拉松运动员山本田一曾两次夺得马拉松比赛世界冠军。每当记者问他为什么取得如此出色成绩时他总是回答道："我是凭智慧战胜了对手。"大家都知道马拉松比赛比的是速度与耐力，何谈"靠智慧取胜"？之后在他的自传中，人们得到了答案。山本田一在自传中写道：每次比赛前，他都要

第 1 章
未来人才培养的十大核
心要素

第 2 章
如何培养未来人才所需
的十大核心要素

第 3 章
生态环境创新设计与实
践课程

第 4 章
华侨城国家湿地公园防
灾可视化项目

第 5 章
前海自贸区坊城建设项目

将比赛的道路探查一遍，并记下比较醒目的标记。因此比赛开始后，他就先以全力冲向第一个目标，之后再冲向第二个、第三个。依靠这种方式，40多公里的路程就被他分解成了若干个小目标而轻松跑完。他同时也讲到，最开始他并不是这样做的，同样也是将目标设定在了终点，于是就被前面这段遥远的路吓倒了。我们在实现目标时也是如此，当最终目标看起来十分遥远时，我们不妨将它拆成一个个小目标来逐一实现，对自己的努力给予充分的"奖励"，来帮助自己更好地坚持下去。也正是在不断追求目标的过程中，我们收获了勤奋这种品质。

2.3 与人沟通能力的培养

沟通能力指一个人与他人有效地进行沟通信息的能力，它包含表达能力、倾听能力和设计能力。在高校学生的学习成长过程中，沟通表达能力扮演着很重要的角色，高水平的沟通能力，一方面能够帮助高校学生在实际的社会中进行更高效率、更加流畅的沟通与交流，另一方面也有利于学生的长远发展[3]。经调研总结后我们认为，培养大学生与人沟通的能力可以从以下几个方面着手：

1．开设公共演讲课

公众演讲作为一种战略性沟通方式，不仅需要演讲者具备扎实的语言功底和良好的心理素质，还需要演讲者能够独立思考、随机应变。而公众演讲课，主要目的就是培养学生的公共演讲能力，让学生能够在任何时候任何场合清晰地表达自己、准确地传达信息，并能够说服他人认同自己的观点。这样的课程训练，既能够提高大学生的逻辑表达能力，也可以锻炼大学生独立思考的能力和良好的心理素质[4]。同时，公共演讲也不仅仅是为了说服别人，更是领域内知识的交流与沟通，以及思想之间的碰撞。因此，公共演讲课也能够为大学生提供思想交流的机会，从而开拓大学生的眼界与知识面，帮助学生们以后能够更加自信地走向社会。

2．将沟通教育渗透到课程教学中

对于大学生人际沟通能力的培养不应该仅局限于某个阶段，或仅仅依靠某几门课程来实现，而是应当贯穿于整个大学课程的始终。比如大学课堂上可以更多地使用课堂问答、小组讨论与交流、方案陈述、作业成果汇报等授课形式，而不仅局限于老师讲学生听，让学生也成为课程内容的参与者。这种教学形式往往能够让学生对课程内容有着更深刻的印象，同时在培养大学生的口头表达能力、演讲能力和群体沟通能力等方面都有着十分积极的意义。

3．搭建课外实践活动的平台

开展社团活动和社会实践是人才培养的重要措施，也逐渐成为培养大学生沟通能力的又一良好平台[5]。国外许多大学都有丰富的社团活动，并且这些社团活动完全是由学生进行策划、组织与实施，活动的内容也是丰富多样。学生们采取散发宣传单、宣讲与演说、沟通与交流等多种方式来传递自己的想法，同时锻炼自己的演讲与沟通能力。社会实践，主要是让大学生能够走出校门，参与到社会上形形色色的工作中去。以一位营养学专业学生为例，他的社会实践方式就是做义工。他需要定期去超市给顾客普及营养学相关的知识与科学选购食品的方法，同时还要回答顾客的各种提问。除义工这种方式外，校企合作也为培养大学生的沟通能力提供了平台。学生们可以提前进入企业并与企业中的工作人员进行沟通交流，在实践自己专业知识的同时，沟通能力也得到了提高。斯坦福大学就非常鼓励低年级学生进入企业进行实践学习，硅谷的很多著名企业就是由斯坦福的毕业生们所创建的，如家喻户晓的惠普公司。同时，这些受益于校企合作的创业者们，也会为母校提供更多与企业合作的机会，以此作为回报[6]。

沟通能力是一种重要的社会能力，是影响一个人在社会中生存与发展的关键能力。大学生们由于大部分时间都置身于校园中，与社会接触较少，沟通能力的培养方式往往较为单一。因此，学校为大学生提供一个良好的沟通交流环境可谓是任重而道远。

2.4 | 自我控制力的培养

　　自我控制力，也称自制力，是指个人控制和调节自己思想感情和举止行为的能力。它既包括激励自己勇敢地去执行的决定，也包括抑制那些不符合既定目的的愿望、行为和情绪[7]。在面临社会上形形色色的诱惑时，自制力就能够作为我们的中流砥柱；而一个人一旦失去了自制力，便可能误入歧途，导致人生出现难以弥补的缺憾。培养提高大学生自制力的重要性不言而喻，而对这种能力的培养可参照以下几个方法：

1．意力分配策略

　　在第1章中曾提到斯坦福大学沃尔特·米歇尔教授做过一个"延迟满足"的实验。在实验中能够坚持忍耐更长时间的小孩通常具有更好的人生表现，如更好的SAT成绩、教育成就、身体质量指数，以及其他指标[8]。然而，另一个关键问题则是在上述实验中，为什么有的孩子能够控制住自己，忍耐直到获得两块棉花糖回报，而有的孩子无法做到？"自制力"能否通过某些方法而得到有效的提升呢？米歇尔同样对这个问题做出了回答，他在数百小时的观察后得出结论：提升自制力的关键是"有策略地分配注意力"。在实验中，有些孩子会遮住自己的眼睛，或者开始在房间里玩游戏，假装棉花糖不存在。随着孩子把注意力投入到其他事情中，棉花糖带来的诱惑也被暂时地遗忘，因此这些孩子成功控制住了自己。相反，另外一些孩子，死死盯着棉花糖，不断跟自己说"我不能吃，我一定不能吃，我的目标是获得另一块棉花糖"，这样做的孩子很快就都禁不住诱惑，吃掉了棉花糖。

　　因此，当我们把注意力集中在诱惑上，即便是集中在"我要抵御诱惑"的想法上，往往都会失败。这是因为，只要你的注意力在诱惑上，你的自控力就被持续地损耗。研究显示这个策略对成年人同样有效，当我们想集中注意力学习和工作时，把手机收到抽屉里这样一个简单的举动，就能够帮助你更好地集中精力。

只有让诱惑远离自己的注意，我们才能更好地把注意力放到其他事情上。

2. 执行意图

心理学家提出过一个快速提高自控成功率的方法叫做"执行意图"[9]。这种方法通常使用"如果……那么……"的句式，帮助人们提前计划"如果出现了那些可能使自己自控失败的情形，自己该怎么办"。结果发现，如果我们提前思考在完成任务时可能会遇到的干扰性诱惑，就能够在这些诱惑出现时极大地降低它们对自制力的损耗，从而提高自控的成功率。比如一个人在戒酒的同时又不得不去一个社交场合，他就可以提前对自己说："如果有人提出给我杯酒，我就说我要一杯柠檬苏打水。"通过这种方式，他成功控制住自己不喝酒的概率就会提高。因此，提前做好计划，能够帮助你在面对诱惑时更果断地做出决定。

2.5 坚毅品质的培养

在第1章中，对于坚毅力一词我们引用了宾夕法尼亚大学心理学系副教授安吉拉·达克沃斯的解释，即"坚毅力，是为实现一个长期目标所有的激情与毅力。"同时，在其发表的作品《坚毅》一书中，该作者对于坚毅的核心组成以及如何培养坚毅力给出了自己的观点。安吉拉在书中写到：培养坚毅品质就如同烘焙蛋糕，需要有多种原料组合在一起，再加上适宜的环境条件才能够让蛋糕变得更加美味。因此，坚毅力的培养也不仅仅是某一种品质的培养，同时也需要多种元素的共同作用。那么培养一个人的坚毅品格都需要哪些元素呢？

1. 充满热情

在安吉拉的定义中，坚毅=热情+坚持。为什么热情在坚毅中如此重要？坚毅不同于坚持，如果将坚持比作万米长跑，那么坚毅可以说是马拉松或是更长的旅途。坚毅不是短期的坚持与忍耐，而是长期的耐力。在这个长久的过程中，只有对所追求的事充满热情，才能够不断地唤醒自己内在的驱动力，从而让自己走得更远。坚毅就是做你爱做的事，并持续去爱。

然而，很多人也会有所疑问：我并不知道自己喜欢什么，该怎么办？我们总有一种感觉，认为自己总会对一项工作或事业充满热爱，只是目前还没有遇到。然而这样想的人，最后往往终其一生也未能发现自己的所爱。安吉拉最初也是这么认为，但在走访过许多由于热爱自己的事业而成功的人士后，她发现多数的成功人士并非一开始就对自己的事业充满着浓厚的兴趣，而是坚持做了一段时间，并深入地投入进去之后才慢慢地产生了兴趣。因此，热爱与坚持，是相互促进的，如果对每件事的认知都仅仅浮于表面，那么"热爱"也就很难发生。

2．追求幸福

有人曾说，人是因为幸福而慢慢变得成功，而非因为成功而变得幸福。幸福是一种能力，积极心理学之父马丁·塞利格曼说：一个人要有积极的情绪、积极的投入、赋予自己所做的事以积极的意义以及自己所取得的成就，是一个人幸福的五要素。一个拥有幸福感的人可以提高对于痛苦的耐受力，自然就变得更加坚毅[10]。电影《当幸福来敲门》中主人公的原型是美国著名黑人投资专家克里斯·贾纳，他在一无所有时仍不放弃对幸福的追求。通过不懈努力，终于在追求幸福的道路上，找到了方向，改变了自身的命运。因此，对于幸福的追求，往往能够成为一个人动力的来源，而这种动力，让我们不断前进。

3．与他人建立积极的关系

安吉拉在书中指出，坚毅也分为好的坚毅和坏的坚毅。坚毅并非只把注意力集中在和自己相关的事上，从而不顾一切地去达成自己的目的，即使对身边的人造成了影响甚至伤害也在所不惜，这种坚毅可以称之为坏的坚毅。好的坚毅能使人在追求自己目标的同时也能够对周围的人产生积极的影响，不仅让自身的品格、思想得到提升，也能够用自己的热情与正能量感染他人。除此之外，正确的给予也被作者定义为坚毅的重要构成，因为不吝惜分享的人才能够看到别人眼中的光芒，使自己的精神世界更加丰富，意志更加强大。

4．不惧失败，保持自信

安吉拉在她的演讲中提到：坚毅与成长型心态有很大关系。成长型心态，主要是指我们面对失败的态度，拥有成长型心态的人往往能够通过失败让自己变得更好，因为他们的内心深处始终相信自己有能力变得更好。正如亨利·福特所说："不管你认为你能或不能，你总是对的。"安吉拉在她的调查中也发现，每个人内心的悲观主义者旁边都住着一位成长心态的乐观主义者。所以，只要相信改变真的可以发生，每个人都可以培养出"成长心态"[11]。因此，具备真正坚毅品质的人不惧怕失败，他们能够从失败中发现自身的不足，作为进步的资本，并且时刻保持着自信，对自己的判断有着充足的信心，即使在挫折面前也能够保持着优雅的风度。

5．坚强不屈

坚强，这也是坚毅中最根本的品质。坚强的毅力可以征服世界上任何一座山峰，而在生活的海洋中，只有意志坚强的人，才能够到达彼岸。美国海豹突击队日常中所接受的是最严苛甚至残酷的训练，但他们的指挥官也会在训练之前告知他们如果觉得受不了了，可以去按一个铜铃，铃声一响就会马上有人来救他们。然而与此同时，指挥官也会告诫士兵们，如果想改变世界，就永远不要去碰那个铜铃！这就是坚强的人应当去承受的，没有伟大的意志力，就不可能有雄才大略。"坚毅"与"勤奋""坚持"这些词最大的区别，就在于坚毅并非指的是人的一种习惯，而是坚强的性格。勤奋能够使人稳步地前进，然而想成大事、立大业的人，则需要学会如何去面对道路上的挫折与痛苦，这就需要我们有一颗坚强的心。

2.6 求知欲的培养

求知欲是人们的一种内在精神需求，当人们在学习生活中遇到具体的困难，而自己现有的知识无法解决时，就会产生探索新知识的需求和欲望，这就是求知欲的来源。求知欲对于一个人的成长进步来说至关重要，因此大学教育对于学生求知欲的培养应当予以更多的重视。培养提高大学生的求知欲，可以从以下几个方面入手：

1．合适的教学方法

大学生所学的内容相比中小学生往往具有信息量大、难度高、专业性强的特点，同时大多数人也没有升学压力的鞭策和驱使，从而导致大学生容易对于所学内容产生抵触情绪，很多都只是"浅尝辄止"。因此，这就要求学校应当从教学模式上进行一定程度的转变，使课程的设计更能够吸引学生的注意，从而激发学生的求知欲。比如，在授课当中，老师可以通过提供具体形象的视觉、听觉刺激或者是采用新颖的教学方法来唤起和激发学生的好奇心和学习兴趣。当代的大学生往往更喜欢在课堂上看到生动漂亮、视觉感强的PPT或视频，喜欢老师在上课的时候以生动幽默的生活实例来解释理论，并创设一些有趣的贴近学生生活的情境来引导学生发现问题和解决问题，而不是仅仅对着书本照本宣科[12]。除此之外，选择合适学生水平的教学内容也是非常必要的。对于基础相对薄弱的学生来讲，难度过大的教学内容会让他们从一开始就四处碰壁，失去学习兴趣。因此，老师在授课时可以先从较为简单易懂的知识开始讲起，让学生们都能熟悉概念、打牢基础，从而对这门学科产生兴趣；之后再循序渐进地为学生们呈现更为复杂深入的知识体系。这样即使部分同学无法理解后续这些深入的理论，也能够通过前面的学习对这门学科有一个基本的认识，而不至于从一开始就知难而退。

2.教师以身作则

有相关研究表明，小孩在五六岁时开始萌生出求知欲，并且随着系统的知识学习，他们的求知欲会进一步提升。但是这种求知也并非随着年龄的增长而线性提升，需要有合适引导以及良好的培养环境。教师对学生的引导在培养学生求知欲方面起着至关重要的作用，很多老师在教学过程中会开展丰富的教学活动，这些活动会为学生提供良好的学习情境以培养学生的求知欲。换句话说，如果老师在知识教学过程中展现出强烈的求知欲，那么相应地学生也会受到潜移默化的影响[13]。因此，教师在实践教学过程中倘若能以身作则，对知识的学习探究表现出强烈的好奇与热情，那么对于学生的求知欲培养也会产生深远的影响。

3.激发学生的探索兴趣

当人们在日常生活中，觉得缺少了某些必要的知识，就会诞生学习新知识的需求，长此以往，这种对新知识的需求就会慢慢转变成为自身的求知欲。人的行为举止常常受自身兴趣的安排，在兴趣的驱使下，人往往能够比较早地表现出对知识的渴求和对学习的浓厚兴趣。俄国教育家康斯坦丁·乌申斯基说过："没有丝毫兴趣的强制性学习，将会扼杀学生探求真理的欲望。"如果我们对所了解的事物没有丝毫兴趣，那么我们的求知欲也将被遏制，而外界所带来的强制力也往往只能加剧我们对所学事物的抵触与厌恶。反之，如果我们对该事物产生了浓厚的兴趣，便能够更好地集中自己的注意力，即使是长时间的探索也不会觉得乏味。因此，想要提高学生的求知欲，就必须注意激发其学习探索的兴趣。

2.7 批判性思维的培养

批判性思维是指通过一定的标准评价思维，进而改善思维，是一种合理的、反思性的思维。它既是思维技能，又是思维倾向。批判性思维是一个威力巨大的思维工具，一旦掌握，就能爆发出无穷的力量。培养提高大学生的批判性思维，可以从以下几个方面入手：

1. 破除思维定势

当今社会，很多大学生习惯性囿于所谓的"标准答案"，导致其缺乏想象力和创造力。他们常常把结论看成定论，认为任何问题都有一个存在于自我认识之外的正确答案，对老师所讲的知识照单全收，导致大脑缺少对知识的建构和加工，取而代之的是死记硬背的学习方法，渐渐变成被动接受知识的容器。因此，如果要增强大学生的批判性思维，首先要帮助学生提高对知识的认知，准确定位自我发展水平，鼓励学生向成熟的认识论信念发展，这是改善批判性思维的关键[14]。所以老师在授课时，可以引入多元观点，挑战学生"标准答案"的思维，营造兼容并包的学习气氛，从而引导学生充分思考，发表对某些问题的不同观点，最后由学生自主选择其赞同的观点，这也是克服这一定势思维的有效方法[15]。另外，也可以鼓励学生在学习生活中多学习接触不同的甚至是相互冲突的观点。只有怀着开放的态度接受不同的声音，才能学会从多元的角度去看待问题，在不同的思维框架中进行更深层次的理解与思考，拓展思维的广度和深度，进而认识到单一思维的局限性，激发出自己的批判性思维[16]。

2．培养体系化认知能力

研究表明，在高中和大学的教学过程中，大部分教师都只是教给学生某些事实性的知识，却忽略了培养学生获取知识的能力。这种教育方式强调知识的确定性，却以牺牲培养高阶认知能力为代价，如应用、分析、综合及评价等，导致学生不勤于思考，认为学习知识就是一劳永逸，造成了知识的老化和惰性知识堆积的情况[17]。

因此，针对当前我国大学生发展的现状，要更加重视从确定的知识维度来改善大学生的批判性思维。首先，要帮助学生认识到学习是从观察、分析、预判行动，再到最后获得结果的过程[18]，并鼓励学生有选择性地吸收新的知识，不断完善自我知识体系。其次，要提高学生的专业思维方式，教会其每个学科独特的思维方式与能力，避免学生被动地接受学科的事实性知识，引导学生运用专业思维方式思考，不断形成系统化的专业知识体系。在大学课堂实践中，教师可以通过模拟对某一问题的批判性思考方式，引导学生得出结论。当学生学会自主转变思维方式，不断自我更新知识体系，并获得良好的体系认知能力时，他们将能更好地应对未知，容忍确定性知识的缺失所带来的不适感。

3．培养独立思考能力

对知识界权威的过分听从往往也是影响大学生批判性思维形成的重要因素之一。在我国教育情境中，与学生接触最多的权威是教师。受中国传统尊师重道文化的影响，学生很容易将教师视为唯一的正确知识来源，甚至是真理的持有者[19]，这一现象在我国出现的比例要远高于其他国家[20]。因此要重视培养学生的独立思考能力，从知识的权威维度来提高大学生的批判性思维。首先，要鼓励学生对知识和信息进行批判性思考，包括它们的来源、立场、逻辑等是否合理准确。其次，要帮助大学生辨别知识来源中的"事实"与"观点"，让他们学会用事实去支撑观点，从而进一步验证来自权威的知识，避免因为个人偏好所造成的质疑与争论。此外，很多学生缺乏自我认同感，往往过分地顾及别人的看法，害怕别人的质疑，导致其无法公正理智地思考，批判性思维发展受限。因此，大学生要学会用独立思考和百家争鸣代替"一言堂"，用科学真理否定权威，树立自信心，培养独立思考能力和批判精神。

2.8 开放性思维的培养

开放性思维，是指突破传统思维定势和狭隘眼界，多视角和全方位看问题的思维。一个人拥有了开放性的思维方式，便能够更好地帮助自己不断地发现、创造和前进。因此，培养开放性思维对创新型人才的培养具有极其重要的作用。增强大学生的开放性思维可以从以下几个方面入手：

1. 预留足够的自我思考时间

随着当今社会前进的步伐加快，人们的压力日益增加，往往需要在自己的工作中耗费大量的时间与精力。在这种情况下，人们很容易陷入工作与生活的漩涡之中，很难抽出时间来进行独立的思考，开放自己的思维。当代大学生由于社会压力相对较小，能够留给自己思考的时间相比其他人更加充裕。因此，大学生应当抓住这一时期，将更多的时间留给自己去思考，拓宽眼界，培养思维模式，使其更加客观、全面。通过思考，我们才能够看到事物的多面性与合理性，从而更好地去接纳新的事物和观点，让自己不断进步。

2. 合适的思考环境

"昔孟母，择邻处。""孟母三迁"这一典故形象而生动地说明了环境对一个人的重要性，育人如此，培养一个人的开放性思维也是如此。思维的培养是需要环境的，当一个人周围的人都处于一种思维模式时，这个人也会耳濡目染，从而形成一种类似的思考方式。因此，若要培养大学生的开放性思维，老师首先应当以身作则，为学生们提供一个轻松而自在的思考环境。比如在认识一个问题时，使用"头脑风暴"的方式，让大家都能够畅所欲言，表达出自己的观点，这对于培养学生多角度思考问题来说是很有帮助的。同时，即使我们无法选择自己所在的环境，也可以选择自己的朋友圈，多与思维模式出色的人沟通，自己也容易变得出色。朋友之间互相带来的信息与资源，则能够更好地帮助我们开阔自己的眼界，扩大自己的认知，从而提升自己的思维模式。

3．勤于学习知识

思维模式的培养离不开知识的积累。知识是思维构建的物质基础，思维建立的过程则是在知识的基础上进行整合、分析、推理的过程。朱智贤曾说过："以思维发展为例，都要经过从直观行动思维，到具体形象思维，再到抽象逻辑思维的过程。这些都是在掌握知识经验的过程中实现的。"因此，知识与思维往往是紧密相连的，抛开了知识，思维也就很难进步。对于知识的获取，中国有句谚语叫做"书中自有黄金屋，书中自有颜如玉"。著名主持人董卿，每天不管多忙都会读上一会儿书，来提升自己的思维高度，也正是这样勤于读书学习的好习惯造就了一位优秀的主持人。这样的例子不胜枚举，纵观历史，没有哪位思想家不是拥有丰厚的知识底蕴，只有知识与思维融合在一起时，才能够迸发出智慧的火花。

2.9 | 执行力的培养

执行力，指的是一种贯彻战略意图，完成预定目标的操作能力[21]。执行力无论对于个人还是团队来说都很重要。对个人而言，执行力主要指的是办事能力；对团队而言，执行力就可以称之为战斗力。提高一个人的执行力可以从以下几个方面着手[22]：

1．将大目标分解成小目标，分阶段完成

有科学实验表明，当人类完成某些困难的工作或者任务时，大脑都会产生多巴胺，让人有十分愉悦的感受。为了再次取得这样快乐的感觉，大脑会加强对这类活动的兴趣并提升相关感应区域的活性，这种学习方式也称为"强化学习"。在完成一些难度和工作量都很大的任务时，我们在短时间内很难实现目标，也难以及时建立正反馈。因此这时候最好不要选择直接攻克大目标，而是将其切割成一个个更容易做到的小目标。这样一来，每次实现这些小目标后，我们都能体会到成功的喜悦。换句话来说，就是在学习过程中，先不要着急一步完成最终的任

务，而是更加重视完成目标的过程以及优化相应的体验，一步步脚踏实地累积成功的经验，这样能够更好地提升我们的执行力。

2. 形成"立即行动"的习惯

人类大脑在本质上具有一定的惰性，因而我们很难通过一次性的努力来完全改变思想或者行动，同时也很难经过一次指令就完整改动其运转形式。美国质量管理专家沃特·阿曼德·休哈特提出过改善管理的PDCA循环[23]，具体而言就是指以下四个部分：Plan（计划）→Do（执行）→Check（评价）→Act（改善）。这四个部分组成一个周期，循环往复地轮回运转，不断地改良事物。每当我们完成一个具体的小目标时，大脑就会产生更多的多巴胺来进行实时反馈。多巴胺的分泌增多就会进一步激起人的干劲，培养出良性循环。因而，养成"立即行动"的好习惯能够科学有效地增加多巴胺的分泌，将过程变为习惯，阶段性小目标会更加容易实现。

3. 放弃追求满分

从脑科学角度而言，下调工作目标和放弃对工作的完满追求能够大大提升执行力。一些对自身有着极高要求的人可能难以接受这样的观念，但从长远来看，下调目标的优点远远大于缺点。首先，它会大大降低立即执行所带来的心理难度，同时促进工作量和工作成果的增加，而高的工作产出对技术的进步有很大好处。与此同时，持续不断的产出有助于增加成功的体验感，增强自信心，激发挑战更高目标的欲望。这样可以有效防止"过分追求完美→没法专注任务→产生挫败感"这种特别糟糕的心理状态，让人能够在一件事上更容易坚持下去，从而增强自己的执行能力。

2.10 领导力的培养

领导力往往指的是在管辖范围内，充分利用人力和客观条件，以最小的成本办成所需的事，同时提高整个团体办事效率的能力[24]。领导力对于个人和团队的发展至关重要，美国前国务卿亨利·基辛格博士认为："领导就是要让他的人们，从他们现在的地方，带领他们去还没有去过的地方。"当今中国社会中，具备领导能力的人才十分缺乏。北京大学国家发展研究院管理学教授杨壮曾说过："领导力是职场人自身所渗透出的气质，而领导则是外界赋予的权利，当下中国职场人都面临着建立领导力的难题。"因此，树立培养大学生的领导能力，对其日后的事业发展将有着很大的帮助，领导力的培养主要可以从以下几点做起：

1. 待人真诚

待人真诚往往是所有卓越的领导者所具备的共同品质。要想成为一个优秀的团队领导，应学会以诚待人、尊重他人，让别人知道你理解并且感谢他们的工作付出。通常一个好的领导都有着较好的人际关系，只有对他人真诚，多为他人着想，才能够将团队的力量更好地凝聚起来。美国成功心理学大师拿破仑·希尔有句名言："真正的领导能力来自于让人钦佩的人格。"蒙牛企业的总裁牛根生，原本是伊利的副总裁。当时他拥有超过百万元的高薪，但他却喜欢将自己的财富与下属分享，给自己的下属各种各样丰厚的福利。之后牛根生因为一些原因被伊利免职，他准备自己创办另一个乳制品企业。他之前的下属们得知此消息，纷纷前来投靠牛根生，和他一同凑钱创办企业。同时还有许多下属们向其创办的公司投资，而"蒙牛乳业集团"就在他和自己下属的苦心经营下建立了起来，随后慢慢发展扩大，直到成为今天家喻户晓的蒙牛。牛根生曾说，财聚人散，财散人聚。世界上没有傻子，今天你可以剥夺别人的利益，甚至明天也可以继续剥夺，但后天你就将得到苦果。因此，待人真诚，为他人考虑是一个人领导力的重要组成，这也是各个大企业的领导们具备的共同特点。

2. 理智处事

司马迁在《史记》中写道："顺，不妄喜；逆，不惶馁；安，不奢逸；危，不惊惧；胸有惊雷而面如平湖者，可拜上将军。"这段话意思指的是在顺境的时候不妄自狂喜，逆境的时候不惶恐气馁，安稳的时候不骄奢淫逸，危机的时候不恐惧害怕；胸中有大志而不露声色的人，可成大事。这句话同时也表达出这样一个观点：一个优秀的领导者要具备理智的为人处世的能力，应当做到不以物喜，不以己悲，善于理解自己，并能够在工作中自觉地进行自省、自控和自律[25]。一个领导者在带领团队时，遇到各种各样的困难是在所难免的，这就需要领导者保持绝对的理智，清醒地知道团队的长处和不足，明白哪些事情是团队擅长的，哪些事情是办不到的。这样才能在各种复杂情况面前做出正确的判断，才能在与别人合作时，得到他人充分的信任。同时，在发生危机或面临挫折的时候，领导者要能够充分自控，并在理智、冷静的基础上做出审慎的选择；并利用各种机会，通过自己的一言一行影响团队，阻止事态恶化，带领团队走出困境[26]。

3. 团队精神

领导力是怎样做人的艺术，而不是怎样做事的艺术[27]。一个好的领导者不是仅仅靠自己或几个人来解决问题，而是能够很好地协调团队，发挥出团队的最大力量[28]。如果一个团队在面临困难时，各个成员不能够积极配合，甚至互相推诿任务与责任，整个团队的工作往往会面临失败。比如在打篮球时，不管是前锋还是后卫都不能脱离整个团队独来独往，不同位置的球员只有按照战术安排紧密配合，互相帮助，才能赢得比赛。团队的领导者所充当的就是教练的角色，要负责为整个团队制定合适的战术，让大家都能在球场中展示出自己应有的能力。如果整支队伍仅仅依靠一两名能力出色的球员，就容易在比赛中被对手针对，而这支队伍也将很难走远。因此，一个好的领导者所起的作用就是懂得如何将自己的队员团结起来，凝聚成一股力量，从而让团队中的每个人都能够走得更远。

目前各个大学都在不同的组织层面为学生们设立各种各样的活动，而这些活动的发起者、管理者以及参与者往往也是由学生来承担。这种培养模式往往能够对培养学生的团队精神以及领导能力起到十分积极的作用。因此，学生们也应当积极起来，通过这些机会结识更多志同道合的人，扩展视野，提升自信，最终找到适合自己的舞台。

本章参考文献

[1] 雷浩，刘衍玲，魏锦，等. 基于时间投入——专注度双维核心模型的高中生学业勤奋度研究 [J]. 心理发展与教育，2012，28（4）：384-391.

[2] 百度.《自控力》：为什么你能一直嗑瓜子，停不下来，却不能一直学习？[EB/OL]. 2020-09-22 [2021-11-26]. https://baijiahao.baidu.com/s?id=1678460023552893629&wfr=spider&for=pc

［3］王峥，杨晓霞. 基于就业导向谈大学生沟通表达能力的提升［J］. 人才资源开发，2021（13）：68-69.

［4］全金钟. 高校如何培养学前教育专业学生口语表达能力［J］. 时代教育，2017（21）：202-203，210.

［5］王晴玛. 论当代大学生沟通能力的培养［J］. 商业文化（上半月），2012（5）：196.

［6］宋子双. 美国斯坦福大学本科生就业能力培养研究［D］. 天津：天津师范大学教育科学学院，2018.

［7］易洁美. 大学生自我控制力的现状调查及其与健康生活方式和情绪的关系［D］. 长沙：湖南师范大学教育科学学院，2013.

［8］梁唯. 让孩子更从容地成长［J］. 中国出版，2012（21）：77.

［9］高伟，陈圣栋，龙泉杉，等. 情绪调节研究方法的蜕变：从有意情绪调节到自动化情绪调节［J］. 科学通报，2018，63（4）：415-424.

［10］卡洛琳·亚当斯·米勒. 坚毅［EB/OL］. 2019-05-20［2021-11-26］. https://reading.geek-docs.com/inspirational-and-successful/getting-grit-fandeng.html

［11］凤凰新闻. 宾大心理学家：5个原则培养孩子的坚毅品质和内驱力［EB/OL］. 2020-08-10［2021-11-26］. https://ishare.ifeng.com/c/s/7yolwFHnsG3

［12］罗文豪，陈佳颖. 大学生好奇心对自我领导的影响——教师幽默行为的调节作用［J］. 教育教学论坛，2020（23）：106-109.

［13］刘嫚嫚. 历史社团活动激发初中生历史求知欲研究［D］. 武汉：华中师范大学历史文化学院，2018.

［14］Bendixen L. D. et al. Epistemic Beliefs and Moral Reasoning［J］. The Journal of Psychology，1998，132（2）：187-200.

［15］Brookfield S. Overcoming Impostorship, Cultural Suicide, and Lost Innocence：Implications for Teaching Critical Thinking in the Community College［A］. C. Mc Mahon. Critical Thinking：Unfinished Business：New Directions for Community College［C］. San Francisco：Jossey-Bass，2005. 53、56.

［16］Browne N. & Freeman K. Distinguishing Features of Critical Thinking Classrooms［J］. Teaching in Higher Education，2000，（5）：301-309.

［17］Chaffee J. Teaching Critical Thinking across the Curriculum［A］. A. C. Barnes. Critical Thinking：Educational Imperative：New Directions for Community College［C］. San Francisco，CA：Josey-Bass，1992. 26、27.

［18］William Hughes, Jonathan Lavery. Critical Thinking：An Introduction to the Basic Skills（4th Edition）［M］. Ontario：Broadview Press，2004. 198.

［19］Nelson G. L. How Cultural Differences Affect Written and Oral Communication：The Case of Peer Response Groups［J］．New Directions for Teaching and Learning，1997，（70）：77-84.

［20］Chan K-W.，& Elliott R. G. Exploratory Study of Hong Kong Teacher Education Students' Epistemological Beliefs：Cultural Perspectives and Implication on Beliefs Research［J］．Contemporary Educational Psychology，2002，27（3）：392-414.

［21］陈洪娟，王黎明．论中国传统文化中团结协作的理念［J］．重庆社会科学，2019（2）：111-118.

［22］唐志良．新工业革命背景下大学生合作能力培养研究［J］．创新与创业教育，2020，11（2）：7-15.

［23］林桂平，邓婉君，陈翠薇．PDCA循环管理模式在引导科研人员发表高质量论文中的应用［J］．医学信息，2021，34（16）：12-14.

［24］王瑛，贾义敏，张晨婧仔等．教育信息化管理实践中的领导力研究［J］．远程教育杂志，2014，32（2）：13-24.

［25］孙袁缘．顺不妄喜，败不惶馁［J］．语文世界（中学生之窗），2019（10）：7.

［26］陶思亮．中国大学生领导力发展与教育模型研究［D］．上海：华东师范大学教育科学学院，2014.

［27］百度百科．领导力［EB/OL］．2019-12-19［2021-11-26］．https://baike.baidu.com/item/%E9%A2%86%E5%AF%BC%E5%8A%9B/11999983?fr=aladdin

［28］徐伟．企业管理团队的领导力开发研究——企业多类型管理团队的共享领导力视角［D］．南京：东南大学经济与管理学院，2015.

第 3 章

生态环境创新设计与实践课程

笔者作为环境工程专业的教育工作者，深刻认识到前面两章提到的十大核心要素对于学生走出学校、走上工作岗位的重要性。随着科技的迅猛发展和世界环境问题的日益复杂，未来环境工程师们面临的挑战越来越严峻。目前高校的工程教育培养方式并不能全面提高学生的上述十大核心要素，导致培养的学生进入职场会出现水土不服及能力不达标的各种问题。因此，为了锻炼学生们的十大核心素养，培养学生具备解决实际环境问题、复杂环境问题的能力，笔者在中国的高等教育改革试验田——南方科技大学创办了新型的环境工程专业课程——生态环境创新设计与实践课程。

这门课程的目的是训练学生的创新能力和十大核心要素，培育适应时代发展的新型环境工程师。南方科技大学提倡"创新、创知、创业"，在这样的沃土中开设这门课具有重要意义，本章将对这门课程进行简要介绍。

3.1 | 课程介绍

3.1.1 课程性质与任务

这是一门针对环境工程本科四年级学生开设的课程。这些学生已经对环境工程领域的基础知识有了充分的学习，具备了领域内的基础理论知识，拥有创新者所需的基本技能，但仍需要实践来进一步磨炼。

教育的最终归趋是要让学生们能走向社会，在各自的岗位发挥重要作用。高校联合企业、事业单位开设实践课程，为学生锻炼实践经验提供机会[1]。结合这一实践教学规律，紧扣培育创新型环境保护人才这一教学目的，我们提出了"校企联合指导""创新思维培养""问题导向的解决方案设计"等教学目标，形成创新设计教学模式：校企联合筛选课题、学生自由选择课题、教师讲授完成环境工程项目的经验、学生与校企导师共同头脑风暴、学生依靠团队合作动手动脑进行创新设计、设计的改进与验收六个教学环节，突出了案例教学与实践教学的有机结合。在开课前，笔者联系了深圳当地多家环境保护相关的单位，包括国有企业、私营企业、公益组织、事业单位等，并由各单位提供具有现实意义的、高质量但难度适中的、围绕实际环境问题设计的课题。我们针对学生的兴趣、水平等对课题进行筛选。

筛选课题以后，对学生们进行分组。以每组6~8人的规模将学生分为5~6组，每组确切人数取决于每年选课的学生人数。分组依据是学生的课题兴趣和综合素质，因为这门课程涉及组与组之间的竞争，需要确保每组的综合水平基本一致。此外，对于南方科技大学的学生来说，他们本科一、二年级接受的是通识教育，到了三年级才确定具体专业。因此，许多同学都有物理、化学、生物、计算机等不同专业的背景，这样的分组在某种意义上是一种跨学科的合作，对创新能力的提高大有裨益。

学生根据兴趣选择课题，与合作单位技术专家及校内指导老师组成项目组，利用一学期的时间，在满足合作单位实际工作需要的前提下，结合环保理念，创新性地设计一个环保小装置、解决方案或是其他产品（如APP等）。

3.1.2　课程要求

对这门课程，我们有以下要求：

文献调研。课程开始时，各组需要针对课题进行相关文献调研，并和合作单位交流，做到充分讨论、充分理解。好的开始是成功的一半。

组内分工。作为一个项目组，除了一位企业导师和校内导师提供指导外，还需选定一位组长、一位财务人员等，团队中每个人都有工作职责，尽可能模拟真正的工程团队。组长负责促进团队决策、进行团队管理，而团队成员也会全力完成所承担的任务、积极配合工作。我们任何人最终都会走到团队里工作，因此，作为团队成员如何有效地工作是每个人必须学会的基本技能。

定义问题边界。有研究表明，产品70%的成本是在设计周期的前30%确定的[2]。团队首先需要针对项目定义出问题的边界，即项目要解决什么问题，并针对问题提出初步方案。最初的概念开发过程很重要，因为更好的设计过程会带来更好的设计结果。在设计的早期阶段所做的决定严格限制了未来的选择。

制定项目时间计划，在规定的时间内实现目标，确定主要负责人。由于时间有限（16个教学周），需充分评估工作量和交付内容。团队成员应从课程中学会如何管理项目周期。

反馈式评估。在实践中，初始的想法未必正确，需要不断试错改进，这是培养"承担风险和失败"属性的最佳时机，但这样的反复并不是单纯的"试错"过程，每一次尝试都要做充分的准备与风险评估。

例会制度。好的点子常常由争论得出，每周组会的"头脑风暴"必不可少，这是"跨学科交流"的最佳时机，也是反复评估设计的重要一环。除此之外，由于召开例会的地点不设限制，这种自由也为学生的讨论、创新提供帮助。

导师指导。由1位校内导师、1位企业导师，对6~8名学生组成的团队进行指导，师生比为1：3~1：4，以确保团队得到充分的指导。这样的条件对进行创新具有重要作用。

创新设计还需要考虑实用性、效率、成本、环境可持续性和安全、外观等因素。

3.1.3 创新设计的逻辑顺序

在为问题设计解决方案时，工程师通常需要遵循一个明确的逻辑过程：

（1）准确定义要解决的问题，包括确定创新设计的"边界"；

（2）设想可能的解决方案，探索（找技术、实验、分析）有限数量的、最有希望的解决方案；

（3）草拟设计方案；

（4）建立和测试方案的原型（小试）；

（5）修改设计方案，确保其以最佳方式满足所有技术指标。

3.1.4 评价标准

课程遵循的评价标准见表3-1。

课程考评指标 表3-1

编号	考评项目	具体要求	分值
1	团队精神	主要包括参与情况、每周例会讨论情况	15
2	创新设计	是否可以达到有效功能	10
3	最终报告	每周会议记录、设计概念、进展中的照片、设计流程等	10
4	科学性	设计中的环保理念、科学性、实用性	10
5	项目周报	按时递交，完整性	10
6	PPT电子版及描述设计	清晰简洁，沟通能力	10
7	系统设计	设备/方案完成；设备操作方便、耐用，便于携带和组装；方案切实可行	10
8	环境影响，创新与安全	使用回收利用和生物材料，低能耗投入等；新概念和安全使用	10
9	演示能力	在展示架和视频上向评委们解释设备/方案设计	10
10	预算控制能力	在预算内完成课题任务	5
总计			100

3.1.5 学习成果

创新设计教学模式以学生为中心，通过多次头脑风暴、文献调研培养学生的创新思维能力，结合实际项目提高学生实践能力，将讲授法、讨论法、自主学习法、探究法、任务驱动法、现场教学法等多种教学方法综合运用，具有较强的实用性。在完成本课程后，学生应该能够：

（1）提高创新能力——不仅磨炼了学生的创新技能，同时，课程还为学生的创新能力提高提供了经验。

（2）描述自己所参与的创新设计，进一步加深对时间管理和团队合作的理解。

（3）定义并解决实际的环境相关问题。

（4）找到所需材料，制作和完成自己创新设计的内容。

（5）使用沟通技巧编写或制作每周项目进度报告、小组报告、PPT或视频。

3.2 | 国内外相关课程介绍

"生态环境创新设计与实践课程"的实质是一门让学生立足于面向真实的环境工程项目提供总体解决方案的课程，在这样的课程中，学生是课程的中心，这确保了学生的学习成果集中在未来工程师所需的表现特征上。

经调研，在国内这方面的课程较少，以清华大学为首的双一流高校的环境学科仍将课程实验、课程设计等内容作为实践环节的主要部分。在项目实践方面，自"十二五"起，我国推行了"大学生创新创业训练计划项目"，由学生自主申报项目并给予资金支持，以鼓励大学生积极参与创新、创业活动，但从项目设置来看，更多的是1~2人的小团体研究项目，并未涉及真正意义上的团队合作。此外，项目无法覆盖所有学生，一些具有创新潜力的学生可能因此无法得到有效训练。

而在国外，著名的欧林工学院有类似的尝试[3]。这所学校的工程教育一直立足于项目导向，鼓励学生自己动手解决问题。从一年级在学院的机械加工厂工作到四年级完成"工程高级咨询项目"，这种模式一直贯穿每位学生的大学生涯，每位学生从一年级到毕业时都会完成多个工程设计项目。但欧林工学院仅设置一般的工程学专业，包括电子计算机工程与机械工程等，未涉及环境工程。美国的马里兰大学有一门关于社会变革工程的课程，学生们与当地社区合作，围绕问题设计创新解决方案，由基金会提供资金完成。这门课程产生了一个将园艺、烹饪和营养融入当地学校课程的教育项目，解决了当地的实际问题，与创新设计课程的理念十分接近。

除此之外，另一种反映21世纪需求的工程教育方法，是基于2008年美国国家工程院委员会确定的14项重大工程挑战所设立的"大挑战学者计划"。通过课程和课外活动，指导学生在五大领域获得技能：与大挑战相关的研究、多学科经验、接触大挑战的全球维度、创业精神和服务学习。美国和其他国家的40多所大学已经参与了这个项目。另外，还有人组织研讨会，邀请著名艺术家与科学家们分别组成团队，创造跨学科的环境，各团队利用创新思维来解决包含实际问题的项目，但这是在一个研讨会中进行的，尚未延伸到大学教育中[4]。

在环境工程学科的教育方面，斯坦福大学开设了"可持续性设计思维""环境工程设计""环境生物技术的工艺设计""循环经济的设计与创新"等实践课程供学生选修，所要解决的问题基本涵盖了当前人类面临的重要环境挑战。"生态环境创新设计与实践课程"综合了上述几门课程，因此，选修"生态环境创新设计与实践课程"的同学可以更好地进一步交流学习。

由此可见，国外在这方面已经做了许多尝试，而在我国类似的尝试较少。这其中涉及环境工程教育的创新课程更是寥寥无几。因此，类似"生态环境创新设计与实践课程"这样面对实际项目、解决实际问题、培养学生实践能力、促进学生创新能力提升的课程亟需进一步开展。在本书的第二部分，笔者精心选取了6组学生完成的"创新设计"案例，分别囊括水、生态、固废、废气、循环经济、智慧环保等当前生态环境领域急需探索的热点问题。通过对6个案例的分析，进一步展示课程教学实践的过程与阶段性成果，供读者参考。

本章参考文献

［1］Council N. Engineering Curricula：Understanding the Design Space and Exploiting the Opportunities—Summary of a Workshop［J］. National Academies Press，2009：40.

［2］Hoover C W，Jones J B. Improving Engineering Design：Design for Competitive Advantage［M］. The national academies of sciences engineering medicine，1991.

［3］李曼丽. 独辟蹊径的卓越工程师培养之道——欧林工学院的人才教育理念与实践
［J］. 大学教育科学，2010（2）：91-96.

［4］Initiative T. Art，Design and Science，Engineering and Medicine Frontier Collaborations：Ideation，Translation，Realization：Seed Idea Group Summaries［M］. 2016.

第 4 章

华侨城国家湿地公园
功能可视化项目

4.1 | 课题背景

4.1.1　华侨城国家湿地公园概况

深圳华侨城国家湿地公园（以下简称华侨城湿地）位于深圳市南山区，占地面积约68.5万m^2，与深圳湾水系相通、生物资源共有，与香港米埔自然保护区隔海相望，是深圳湾滨海湿地生态系统的重要组成部分。华侨城湿地不仅是深圳湾湿地的重要延伸，也是国际候鸟重要的中转站、栖息地。

2007年，华侨城集团受深圳市政府委托，秉承"保护、修复、提升"的原则，历时5年完成对华侨城湿地的保护性修复和持续性提升，将其打造成为与深圳湾水系相连、中国唯一地处现代化大都市腹地的滨海红树林湿地。2016年，经国家林业局批准，华侨城湿地成为深圳首家国家湿地公园（试点）。2020年2月，华侨城湿地正式成为国家级湿地公园。

4.1.2　华侨城湿地自然学校

为了让市民走进自然，认识自然，并与自然和谐相处，建立公众参与环境保护的平台，2014年1月12日，以华侨城湿地原有的环境教育经验为基础，在深圳人居环境委员会统一规划及指导下，在深圳市华会所生态环保基金会的援建下，深圳市第一所自然学校——华侨城湿地自然学校成立了，这标志着深圳的生态教育工作迈上了新台阶。

在自然教育工作中，华侨城湿地先行先试，开创"政府主导、企业管理、公众参与"的创新管理模式，成立全国第一所自然学校。秉承"一间教室、一套教材、一支环保志愿教师队伍"的"三个一"运营模式，华侨城湿地致力于组建环保志愿教师队伍，通过公益的自然教育课程及环保理念传播，让更多人可以了解自然、体验自然。

截至目前，华侨城湿地自然学校已累计开展教育活动5000多次，包括志愿教师及义工培训、生态导览及自然教育主题活动，自然学校教育参与人数已经累计超11万人次。5年来，培育环保志愿教师近500人，还发展出了一批青少年志愿服务队。

2020年11月，华侨城湿地自然学校志愿服务项目荣获第五届"中国青年志愿服务大赛"全国赛银奖。同年12月华侨城湿地自然学校"自然艺术季"公益活动获得第九届梁希科普奖（活动类）。此外，华侨城湿地还获得"全国自然教育学校（基地）""广东省自然教育基地""深圳首批自然教育中心""国家级滨海湿地修复示范项目""全国中小学环境教育社会实践基地""中国人居环境范例奖"等多项荣誉。

4.1.3　课题选择与确定

课题确定的过程包括初选、再选和聚焦细化三个阶段。

1．课题初选阶段

初选课题为"华侨城湿地泄洪预留口调查及改善研究"，学生们经过现场调查，以及与华侨城湿地方面的沟通交流（图4-1），发现对于周边的面源污染和污水溢流情况短期内难以做出有效改善。华侨城湿地自然学校肩负宣传生态理念的任务，但是生态展厅缺乏用于湿地生态科普教育的可视化模型。

图4-1　组员与企业导师讨论课题方向（谭力乾摄）

2.课题再选阶段

学生们对初选阶段的调查结果进行讨论和研究，考虑到华侨城湿地自然学校作为一所学校应有的宣教责任，其受众群体主要是中小学生，同时结合互联网时代的特点，计划依托数字平台建立可视化模型（图4-2）。最终确定课题为"华侨城湿地功能可视化项目"，初步提出制作视频、网页或三维模型三种可视化方案。

图4-2　组员与企业导师讨论可视化方案（谭力乾摄）

3.课题聚焦细化阶段

一方面，学生们搜集了大量湿地背景和可视化的相关资料；另一方面，学生们与华侨城湿地的导师进行了更深入的交流，发现华侨城湿地官方网页不是依托某些成熟平台进行搭建，而是由专人设计的难以更改的静态网页，无法为制作网页的可视化方案提供技术支持。同时，运用软件制作三维模型的方案因为缺乏足够的数据、技术难度较大、成果难以与目标受众需求匹配等原因而被否定。最终确定制作3个科普视频展现华侨城湿地的部分功能，内容分别为人工潮汐、氮磷去除和物种入侵。

4.2 ｜ 技术路线和课题设计

4.2.1　技术路线

学生们根据已确定的题目，制定了项目的技术路线（图4-3）。

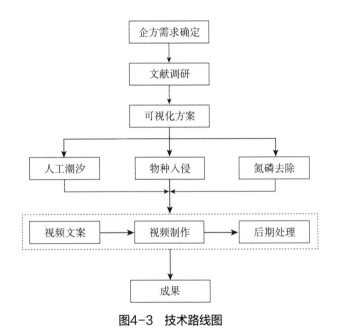

图4-3　技术路线图

4.2.2　课题设计

华侨城湿地自然学校教育课程多围绕鸟类等具体某类生物进行设计，缺乏对湿地其他要素如水、土壤、化学组分以及生态环境整体情况等知识的介绍。因此同学们希望通过此可视化项目把湿地内无法直观感受的部分（例如一般游客只游玩几小时，无法观测潮汐的长时序变化）通过视频展示的方式呈现给观众。考虑到华侨城湿地的自身特点，湿地通过箱涵与深圳湾相连，通过人工调节的方式将自然水体的潮汐现象同步到湿地水量变化中，使得湿地环境能进一步接近自然生态环境，更有利于候鸟栖息，笔者将这一特点放入视频中。结合华侨城湿地自然学校的生态教育理念，以湿地入侵物种为切入口，介绍入侵物种的危害、治理方式以及潜在价值等。再者，将同学们所学环境方面的专业知识通过制作生动形象的卡通动画视频的方式浅显易懂地阐述氮磷去除的知识，起到宣传科普知识的作用。

最后，为了便于华侨城湿地自然学校开展宣传展示工作，视频内容以三个独立分开的视频形式呈现。

4.3 项目开展

4.3.1 时间安排与人员分工

根据上述项目的整体技术路线，制定了合理的时间规划安排（图4-4），以及具体时间段的工作内容（表4-1），同时结合各位同学自身的学期学习情况和特点，进行了人员分工（表4-2）。

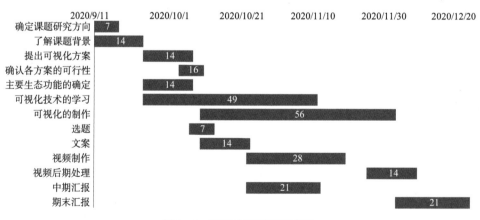

图4-4 课题执行时间进度图

课题工作安排计划表　　　　　　　　　表4-1

序号	工作内容	开始时间（年/月/日）	结束时间（年/月/日）	具体工作描述
1	确定课题研究方向	2020/9/11	2020/9/18	了解自然学校的需求，明确研究方向
2	了解课题背景	2020/9/11	2020/9/25	了解课题背景及湿地相关的知识
3	实地考察	2020/9/11	2020/12/25	去自然学校实地考察贯穿整个工作中，及时了解自然学校的需要，及时与导师讨论和沟通项目进度
4	提出可视化方案	2020/9/25	2020/10/5	提出可能的展示形式
5	确定各方案的可行性	2020/10/5	2020/10/11	确定最佳的可视化方案
6	主要生态功能的确定	2020/9/25	2020/10/11	确定最佳可视化方案的具体内容
7	可视化技术的学习	2020/9/25	2020/11/13	学习可视化（视频制作）的软件操作
8	可视化的制作	2020/10/11	2020/12/13	—
8-1	选题	2020/10/9	2020/10/11	选择要展示的题目
8-2	文案	2020/10/12	2020/10/25	写出要介绍的内容，时间可进行适当延长，并在制作时进行修正
8-3	视频制作	2020/10/25	2020/11/25	制作视频，时间较长，可根据课题进展进行调整
8-4	视频后期处理	2020/11/25	2020/12/13	后期处理，视频优化
9	中期汇报	2020/10/25	2020/11/13	中期汇报准备
10	期末汇报	2020/12/6	2020/12/25	期末汇报准备

人员分工表　　　　　　　　　　　　表4-2

小组成员	行政任务	课题任务
A同学（组长）	监督团队开展课题的进程	1. 数据收集与分析； 2. 视频后期制作
B同学	企业联系与美工支持	视频剪辑与制作（总负责人）
C同学	周报写作与编辑	1. 视频文案创作； 2. 视频剪辑与制作
D同学	财务	1. 湿地功能研究、数据收集； 2. 视频剪辑与制作
E同学	成果展示	1. 湿地氮磷去除的研究； 2. 视频后期制作
F同学	摄影与照片整理	1. 湿地物种入侵的研究； 2. 视频剪辑与制作
G同学	会议记录	1. 湿地物种入侵的研究； 2. 视频文案创作

4.3.2　组会开展

在本小组项目设计与执行过程中，一共召开了11次小组会议（图4-5）。会议的召开便于学生们之间相互沟通协作处理问题，同时也有利于对阶段性工作进行

图4-5　组会照片（赵航摄）

总结，及时调整计划，增加了集思广益的机会，提高了学生们的工作效率，获取了各方面重要的信息和建议，便于团体力量的整合和调动，从而更好地服务于课题开展。

4.3.3　实地调研

在项目进行过程中，小组成员先后5次前往华侨城湿地进行考察交流（图4-6~图4-8）。在项目开展初期，同学们分别于2020年9月18日和10月9日前往湿地，与校外导师讨论项目需求和课题变更、方案可行性与项目实施思路等。在项目进行过程中，物种入侵小组的G同学、F同学和组长A同学一起于11月14日和28日前往湿地拍摄视频素材。在项目收尾时，小组成员于12月18日最后一次前往湿地，录制视频素材，同时征求企业导师对视频的意见和建议。

图4-6　小组成员、助教和企业导师于华侨城湿地公园合影（谭力乾摄）

图4-7 同学拍摄物种入侵视频的素材
（徐睿辰摄）

图4-8 企业导师观看视频成果并提出建议
（谭力乾摄）

4.3.4 文献调研

1. 人工潮汐小组

（1）潮汐原理

海水规律性上升和下降的运动叫做潮汐，潮汐是由月球和太阳的引潮力引起的（图4-9）。就地球而言，作用其上的力有两个：一是地球绕地月公共质心作平动运动时受到的惯性离心力；二是月球对地球的吸引力。这两个力是引起潮汐的原动力[1]。

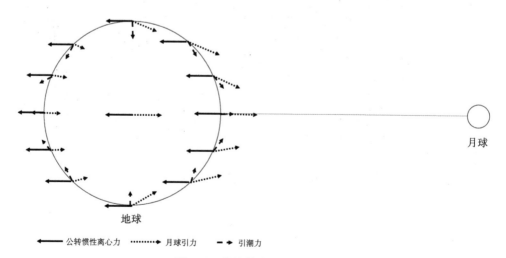

图4-9 潮汐静力理论原理图

形成潮汐运动的真正原动力是引潮力的水平分量。地球上不同位置引潮力的水平分量不同，因此海面会产生形变，也就是说，受到引潮力后的海面变成椭球形，为潮汐椭球。由于地球的自转，地球的表面相对于椭球形的海面运动，造成了地球表面上的固定点发生周期性涨落而形成潮汐[2]。

根据日分潮和半日分潮的振幅比不同，潮汐一般分为半日潮、日潮和混合潮[3、4]。半日潮的周期一般是12.42h，每天有两次高潮和两次低潮；日潮的周期为12.42h左右，每天只有一次高潮和低潮。混合潮又分为不规则半日混合潮和不规则日潮混合潮。不规则半日混合潮在一天内一般有两次高潮和两次低潮，但相邻的两高潮（低潮）高度不相等，而且涨潮时间与落潮时间也不相等；不规则日潮混合潮一天内出现一次高潮和低潮。

（2）湿地的雨洪调蓄功能

1）功能简介

雨洪调蓄是一种对暴雨和洪水的调控手段，通过人为控制地表径流的储存和释放，来实现雨洪的时空再分配。根据调蓄的功能或作用原理，雨洪调蓄可分为调节、储蓄、多功能调蓄三类。调节是一种较成熟、传统的雨水径流控制方法，指在暴雨期间对峰值径流量进行暂时性的储存，降雨结束后或峰值流量过后再逐渐排放，从而达到控制径流峰值的目标，一般并不能减小排向下游的雨水总量。储蓄是储存和滞蓄的统称，是指通过对雨水径流量进行储存、滞留或蓄渗以达到削减径流排放量、控制水质、收集回用或补充地下水等综合利用雨水资源的目的。与调节最大的不同，一是针对的控制目标不同，二是要利用雨水或减少外排的雨水量。多功能调蓄具有多种功能，而且有两层含义，从作用原理角度而言，将调节与储蓄的功能相结合，是一种多目标控制的调蓄设施；从土地资源利用角度而言，是指充分利用城市土地资源，亦可作为公园、绿地、运动场等其他用途，发挥环境和社会多方面功能的一类调蓄设施[5]。

2）现状分析

随着我国城市化进程的高速推进，城市建设用地不断扩张，建筑、道路等大面积硬质化垫面取代了原有的自然生态环境。大面积的硬质铺装从源头阻碍了雨水的自然渗透，加剧了地表径流流速，导致暴雨内涝在全国各地频频发生。仅仅依靠人工修建的城市排水系统，没有办法解决所有的内涝问题，而且还有可能造成水环境的污染和水资源的浪费。通过湿地进行雨洪调蓄，可以有效控制地表径流，辅助城市排水。湿地具有可渗透而非硬质的下垫面，除了对雨水的直接调蓄作用以外，部分雨水还可以通过底部的渗透汇入地下水中，对解决城市洪涝问题具有重要意义[6]。

2. 氮、磷去除小组

天然湿地本身具有净化的功能，可通过植物根系和周围微生物吸收氮磷离子进行氧化还原反应，减少水体中总磷（TP）和总氮（TN）。人工生态浮床不仅可以利用浮床填料的孔隙结构过滤和吸附污染物，也可以通过植物的生长过程消耗水体中的氮磷等污染物。实验室测定已知8种水生植物都对脱氮除磷起到很好的作用，但在不同原水水质、温度等条件下效果有所不同[7]。

植物摄取是人工湿地去除氮的重要机制。植物主要吸收铵态氮和硝态氮，也包含一些小分子含氮有机物。在人工湿地中，人们常常选择生长快、组织氮含量高和单位面积产量高的植物作为氮同化和储存的植物品种。湿地植物组织内的氮浓度和储存量受植物种类、组织类型、氨氮浓度和季节的影响[8~11]。对比几种植物的摄氮量，浮水植物多于挺水植物，再多于沉水植物。对于污水二级处理的人工湿地生态系统[8]，靠收割植物所能去除的营养物量占进水负荷的比例不显著，而对于更深度的处理则有更重要的作用。植物收割除氮量占湿地进水氮的比例取决于植物收割频率和时期、进水负荷、气候条件、植物物种等因素[12]。如果任凭植物自然凋落并在湿地中滞留，残体会溶出部分碳、氮（以有机氮和氨氮的形式）和磷，但是同时也能够为反硝化作用提供碳源。

硝化-反硝化是湿地除氮最重要的过程[13、14]，此过程分为两部分：硝化和反硝化。硝化是铵离子由自养型好氧微生物氧化为硝酸根的过程。硝化细菌从氧化过程中获得能量，并利用二氧化碳作为新细胞合成的碳源[15]。硝化受温度、pH、溶解氧浓度、水的碱度、无机碳源、微生物数量、游离氨浓度、亚硝酸根浓度、重金属、有毒有机物和碳氮比等的影响[16]。反硝化是由异养微生物将硝酸根在氧气耗尽的条件下还原成氮气。反硝化细菌是兼性菌，多为化学异养微生物，它们只从化学反应获得能量，并以有机物为电子供体和细胞生长的碳源。影响反硝化的环境因素包括氧浓度、氧化还原电位、土壤湿度、温度、pH、反硝化细菌、土壤类型、有机物质和有无存水等[16]。这个硝化-反硝化过程很适合做成简单的动画来呈现。

人工湿地中，水生植物、基质、微生物三者协同去除磷。污水中的部分无机磷可通过湿地植物的吸收、同化作用，转化成植物机体的组成成分（磷酸酯、核酸等），最终通过对湿地植物的定期收割使其得以去除。微生物对磷的去除包括对磷的正常同化和过量积累，在污水处理厂利用强化生物除磷（EBPR）工艺完成过量积累。含磷污染物也可以吸附在湿地土壤中，对于人工湿地生态系统，湿地填料的物理吸附以及化学沉淀作用对污水中总磷的去除能力可达90%以上。

通过上述调研，最终确定展示植物根系和微生物群落的脱氮除磷原理，通过短视频演示水下无法直接观测到的生态活动。由于面向对象主要为自然学校的中小学生，本视频将通过手绘的方式，使用卡通的形象简明描述氮磷离子在水中被去除的过程。视频将主要展示固氮效果较好的浮床植物水下根系部分，从靠近根部的好氧环境逐渐过渡到缺氧、厌氧区域，在不同的部分有不同微生物进行硝化和反硝化作用，最终将氨氮和硝酸盐氮转化为氮气等挥发出去[17]。其余少量氮可以直接挥发或被底泥吸附，此过程是物理过程，除氮占比很小，不作为视频的讲述对象。磷的去除主要靠土壤的吸附和沉淀作用，比如磷酸根与钙、铁离子反应沉淀，可以直接把化学方程式变成动态图片展示。

3．物种入侵小组

（1）湿地与物种入侵

湿地是地球上生产力最高、生物多样性最丰富、最具生态价值的生态系统之一，孕育了复杂的生物与地貌间的相互作用。丰富的滨海生物地貌塑造者通过直接或间接地改变水动力、侵蚀沉积、基质稳定性、凋落物分解等过程影响生态系统地貌结构、群落结构、生态系统功能甚至景观格局。然而，滨海湿地生态系统面临着严重的生物入侵问题。因处于海洋生态系统与陆地生态系统的交汇区域，其复杂的动态异质环境与强烈的人为活动为入侵物种的着床及扩张提供了广阔的生态空间，使之成为生物入侵热区[18]。

（2）入侵物种来源

华侨城湿地外来入侵物种全部来源于美洲，这可能是因为其滨海湿地的属性，易受到深圳高密度的远洋集装箱货轮的影响[19]。

（3）入侵植物的物种

根据2007年2月~2011年3月华侨城湿地的生态调查数据，该区域共有外来入侵物种13科24属27种，主要为草本和藤本植物（表4-3）。外来入侵物种分布较为集中，主要在东南部区域、三层岗亭至芦苇荡段近水区、南岸道路两旁等。分布面积最广的物种为五爪金龙、蟛蜞菊、巴拉草、空心莲子草和银合欢[19]。

华侨城湿地外来入侵物种组成 表4-3

序号	科名	属名	种名	原产地	生活型	生境	频度
1	含羞草科	含羞草属	含羞草 *Mimosa pudica*	热带美洲	草本	岸边	多见
2	含羞草科	含羞草属	无刺含羞草 *Mimosa invisa Mart. var. inermis Adelh*	热带美洲	草本	岸边	多见
3	含羞草科	含羞草属	光荚含羞草 *Mimosa bimucronata*	热带美洲	灌木	岸上	大片分布
4	马鞭草科	马樱丹属	马樱丹 *Lantana camara*	热带美洲	灌木	岸上	大片分布
5	西番莲科	西番莲属	龙珠果 *Passiflora foetida*	安地列斯群岛	藤本	岸上	大片分布
6	雨久花科	凤眼莲属	水葫芦 *Eichhomia foetida*	巴西	藤本	攀缘植物上	大片分布
7	禾本科	臀形草属	巴拉草 *Brachiaria mutica*	非洲	草本	中低潮位	大片分布
8	禾本科	红毛草属	红毛草 *Rhynchelytrum repens*	南非	草本	岸上	多见
9	禾本科	狼尾草	象草 *Pennisetum purpureum*	非洲	草本	岸边	多见
10	禾本科	稗属	稗 *Echinochloa crusgalli*	欧洲和印度	草本	岸边	多见
11	禾本科	黍属	铺地黍 *Panicum repens*	巴西	草本	中高潮位	多见
12	禾本科	雀稗属	两耳草 *Paspalum conjugatum*	热带美洲	草本	中高潮位	少见

续表

序号	科名	属名	种名	原产地	生活型	生境	频度
13	锦葵科	赛葵属	赛葵 *Malvastrum coromandelium*	美洲	灌木	岸上	少见
14	大戟科	大戟属	飞扬草 *Euphorbia hirta*	热带美洲	草本	岸上	多见
15	玄参科	野甘草属	野甘草 *Scoparia dulcis*	热带美洲	草本	岸上	少见
16	旋花科	甘薯属	五爪金龙 *Ipomoea cairica*	欧洲和美洲	藤本	攀缘植物上	大片分布
17	豆科	合欢属	银合欢 *Leucaena Ieucocephala*	热带美洲	乔木	岸上	大片分布
18	豆科	缸豆属	紫花大翼豆 *Macroptilium atropur-pureum*	热带美洲	藤本	岸上	多见
19	菊科	鬼针草属	白花鬼针草 *Bidens pilosa var. radiata*	热带美洲	草本	岸上	大片分布
20	菊科	假泽兰属	薇甘菊 *Mikania micrantha*	热带美洲	藤本	攀缘植物上	大片分布
21	菊科	蟛蜞菊属	美洲蟛蜞菊 *Wedelia trilobata*	热带美洲	草本	岸上/岸边	大片分布
22	菊科	紫苑属	钻形紫苑 *Aster subulatus*	北美	藤本	岸上	大片分布
23	菊科	泽兰属	假臭草 *Praxelis clematidea*	南美	草本	岸上	少见
24	菊科	泽兰属	胜红蓟 *Ageratum conyzoides*	墨西哥及邻近	草本	岸上	少见
25	菊科	天人属	天人菊 *Gaillardia pulchella*	北美	草本	岸上	—
26	苋科	苋属	皱果苋 *Amaranthus viridis*	热带美洲	草本	岸边	少见
27	瓶螺科	瓶螺属	福寿螺 *Pomacea canaliculata*	热带美洲	两栖类	近岸水域	少见
28	泽奄科	彩龟属	巴西红耳龟 *Trachemys scripta elegans*	热带美洲	两栖类	水体或岸边	少见

4.3.5 科普视频制作

1. 人工潮汐小组

于2020年11月初成立由B同学、C同学和D同学组成的潮汐视频制作小组，确定视频文案内容；到11月中旬，确定卡通形式的视频风格，并完善优化文案内容，根据文案内容逐个制作视频分镜草图；然后由C同学依据文案和分镜绘制视频原画（图4-10、图4-11）。

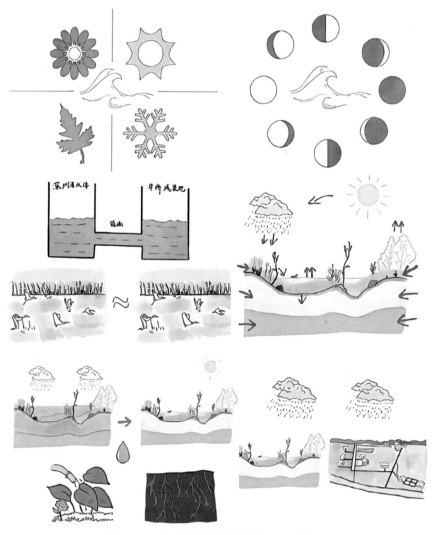

图4-10 人工潮汐小组的部分原画设计图

原画制作完成后，小组成员在12月中旬使用Adobe After Effects（简称AE）软件制作完成初始的视频动画；根据校内和校外导师的意见，对视频内容做进一步的优化，并完成配音和字幕添加等后期工作（图4-12）。

图4-11　小组成员正在绘制原画
（谭力乾摄）

2. 氮磷去除小组

（1）前期分析

在确定视频内容后，小组成员决定使用"引入—介绍除氮原理—介绍除磷原理—结尾"作为视频的主线，并根据文献调研完成文案创作。在创作文案时，为保证科普视频的科学性，措辞更谨慎，并确保没有原理性错误；同时考虑到视频的受众主要是中小学生，视频内容应更通俗易懂，因此在不违背科学性的前提下，避免使用专业性强的词汇，减少解释机理的具体细节，以便受众更容易理解。

（2）文案编写、分镜构思与视频风格确定

开始阶段，同学们选择了电脑动画、定格动画和手绘动画三种视频风格。由于手绘动画对绘画要求高，完成的难度高，同时电脑动画与人工潮汐小组视频风格相同，在经过讨论后，最终选择定格动画。定格动画的好处是后期处理相对简单，可以根据原素材数量调整视频时间长短。

（a）　　　　　　　　　　　　　（b）

图4-12　视频制作过程（谭力乾摄）

（a）小组成员用AE制作视频；（b）小组成员为视频配音

（3）视频制作

确定好文案和分镜后，正式进入视频制作环节。制作分为两个步骤：拍摄和剪辑。

1）视频拍摄

A同学购置拍摄所需三脚架、补光灯、用作背景板的白板、用于表示细菌和离子的彩纸、硫酸纸等材料；E同学设计并打印用于拍摄的背景水体，并分别用硫酸纸和彩纸制作细菌和不同的离子模型；查找浮床植物老鼠簕、卤蕨和咸水鱼类的图片，用于制作浮床动画和表征湿地生态系统。

11月20日进行第一次定格动画拍摄。根据上一次制作样片的规格，预估将制作每秒三帧的视频约3分钟，其中部分画面需要去华侨城湿地补拍实景。拍摄前计时旁白所需时间并计算帧数，拍摄时根据帧数多少调整每一步动作大小。由于第一次拍摄和制作视频，导入素材后，出现了一些未知的问题，未达到预期效果。总结经验后，于11月27日再次进行拍摄（图4-13）。

2）视频剪辑与动效制作

第二次的拍摄获得了足够可用的视频素材，于是进入了视频剪辑和特效制作阶段。剪辑是一个相对简单的工作，同时，同学们还对其中的部分内容加入了动画效果。

 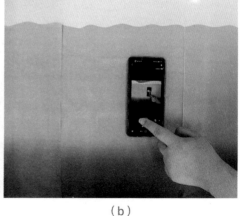

（a） （b）

图4-13　素材准备和拍摄（谭力乾摄）

（a）小组成员准备素材；（b）小组成员遥控拍摄

（4）视频细节调整与配音

完成视频的整体制作后，对视频的一些细节进行优化，调整了白平衡和颜色，并提前编辑好字幕。按时间要求，同学们在12月14日为视频配音，在调整好时间轴后，就完成了视频的制作。

（5）视频优化

12月18日，同学们再次前往华侨城湿地与校外导师交流，根据导师的建议，再次对视频进行了修改完善。在交给自然学校之前，同学们为视频重新配音并完成最后的润色（图4-14）。

3．物种入侵小组

（1）文案编写、分镜构思与视频风格确定

在11月中旬，确定了以短视频和Vlog作为视频展现形式，并根据文案制定视频拍摄计划，同时对文案不合理的地方进行修订优化。由于本组采用的主体拍照方式为一镜到底，且参考其他两组的视频方案都以动画形式开展，于是确定本组视频的整体风格为水彩化处理的视频效果。

（2）视频制作

小组内部讨论确定视频文案和分镜后，进入视频素材的拍摄和剪辑阶段，根据文案和分镜内容确定拍摄内容和取景，拍摄视频所需的分镜原画（图4-15）。

图4-14　植物被收割的动画效果示意图

　　小组成员按照任务分工，对视频分镜原画进行剪辑处理。为凸显入侵物种特征、并与其他小组视频风格相对应，本小组为原视频添加了手绘风格效果的滤镜。并对视频整体做了防抖处理，对一些模糊帧进行了手工修补和重画处理，图4-16展示了小组成员处理样片的过程。

（a）　　　　　　　　　　　　　　　　　（b）

图4-15　生物入侵素材的准备（徐睿辰摄）

（a）小组成员拍摄素材；（b）入侵物种

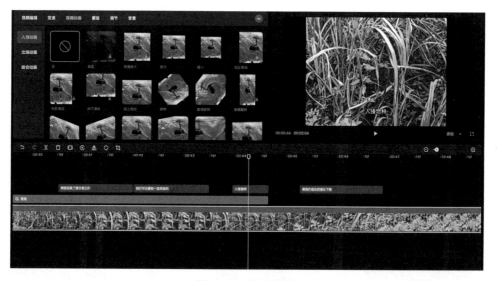

图4-16　样片处理

（3）视频后期

在12月中旬，F同学为视频配音，G同学进行视频字幕添加等后期工作。并根据校外导师的意见修改后，最终完成视频制作。

4.3.6　期末汇报视频制作

小组成员于12月11日开会商讨并确定了期末汇报的形式和结构，按照会议要求录制了每位组员的工作感想和企方对同学们工作的评价，对录制的视频素材进行了剪辑、加字幕等处理，最终完成了时长为20min的期末汇报视频（图4-17）。

（a）　　　　　　　　　　　　　　　（b）

图4-17　期末汇报视频制作（赵航、谭力乾摄）

（a）汇报视频的探讨；（b）汇报视频的拍摄

4.4 | 总结

经过一个学期的努力，各小组成员边学习边摸索边创作，最终出色地完成了3个科普视频和1个期末汇报视频的制作，各科普短视频以及期末汇报视频上传到哔哩哔哩网站。

4.4.1 人工潮汐小组

本小组视频接近4分钟，采用了一种较为卡通的风格，使得视频浅显易懂、便于理解。形式上采用的是Motion Graphics动画（简称MG动画）。视频内容包括两部分——潮汐原理和华侨城湿地的雨洪调蓄过程。其中，潮汐原理介绍部分包括潮汐的形成原因、半日潮与日潮的区别以及深圳市的潮汐情况；华侨城湿地雨洪调蓄部分则详细介绍了华侨城湿地与外界水体的连接情况、湿地自然水循环的过程和雨洪调蓄过程。

4.4.2 氮、磷去除小组

该视频是定格动画风格的科普视频，时长大约为3分钟。在视频中，部分片段使用了后期制作的动画。本视频主要介绍了湿地系统对氮磷的净化功能。对于含氮污染物，着重介绍了硝化-反硝化细菌的净化功能；对于含磷污染物，重点放在了协同作用上。

4.4.3 物种入侵小组

该视频介绍了华侨城湿地内常见的入侵物种。视频内容主要包括：入侵物种的危害、入侵物种的基本特征、入侵物种的处理方法、入侵物种的益处优点等。该小组希望通过科普视频的形式，使大众掌握简单的应对入侵物种的方法，与此同时展现华侨城湿地在处理入侵物种上的智慧。最后，这组视频探讨了入侵物种的利用价值和人与入侵物种的关系，希望能引发观众们的思考。

4.4.4 创新点

1. 动态模型

湿地环境的生态功能通过动态的过程发挥作用，制作的可视化模型区别于传统静态实物模型，能体现生境的自然变化。

2. 互动性

为更好地发挥其科普教育功能，建立的可视化模型具备了一定程度的互动性，可以充分调动民众关注与参与的积极性。

3. 数字化

制作数字模型，在顺应时代趋势的同时，对企方的线上科普教育工作加以优化和补充。

4.5 | 企方评价与学生感悟

4.5.1 小组成员感想

由于经验的不足，视频制作过程遇到了一些困难，第一次视频素材的拍摄导致画面不连续，经过认真地分析和查找原因后，完美解决了上述问题。此外，在视频剪辑和制作中也遇到了许多小问题，通过慢慢测试，逐步调整优化，最终都得以解决。制作视频的过程类似于实验科研过程，都是发现问题、思考错误、提出新方案并试行，最终达成设立的目标。制作视频扩宽了我的知识面，提升了我的思维和动手能力。

——同学A

第一次制作视频，模仿着网上博主做视频的方法，发现做视频并不是一件简单的事情。一个完整的视频，环环相扣，若想做好，每一环都不能错。我在做这个项目时，虽然遇到许多问题，但是更多的是收获，对自己来说是一次创新。若我再次制作视频或者从事相关的工作，这些经验会令我更加得心应手。

——同学B

在创新设计课程实践中，我丰富了自己的知识储备，了解了周报的写作规范、格式等基本知识，学会了动画制作、视频剪辑等技能。最重要的是我的团队协作能力得到了很大提升，以前我对团队合作的心态是比较抵触的，但现在已经基本掌握了如何进行小组合作，如何拆分一个大任务等重要的能力。

——同学C

在这次视频的制作过程中，我们小组付出了很多的心血，最终收获了满意的成果。我也学到了很多新知识，解决了一些问题。在开始阶段，由于缺乏动画制作的经验，我基本处于一窍不通的状态。后来，在组员的帮助下，通过网上观看了一些AE软件的视频教程，我学会了动画制作的基本操作，成功地制作出一段自己的动画，使我很有成就感。另外，在学习AE的过程中，我发现其关键帧功能也适用于Adobe Premiere（PR），并且利用这项功能在PR中完成了片头片尾的制作，达到了触类旁通的效果。

——同学D

水质净化过程科普视频的制作按计划完成，受限于视频长度和材料技术等因素影响，只对水中氮磷去除做了简单介绍。考虑到受众群体主要是中小学生，我们认为制作的视频可以达到科普目的，且符合华侨城湿地自然学校的理念——引发观众的兴趣，宣传人与自然平等、和谐相处的思想。该视频画面清晰，所有出现的生物种类都经过考察，准确性得以保证，同时我们在表现细菌特写的镜头时，对细菌形状进行优化，提高了可观赏性，体现出科普视频的科学性和趣味性。

——同学E

公众对常见入侵物种不了解，导致其对入侵物种的危害认知错误，或对入侵物种的危害理解不深刻，因此对于物种入侵问题不以为然。我们制作这个视频的初衷是想通过视频科普的形式唤起大众对于入侵物种的警惕之心，常见的入侵物种其实就在我们身边，并使大众了解简单处理入侵物种的方法，以降低入侵物种的危害。与此同时，我们也想展示华侨城湿地处理入侵物种的智慧。

——同学F

在搜集资料和制作视频的过程中，我们发现入侵物种并不都是百害而无一利的，合理科学地管理它们可以使其变"废"为宝。此外，华侨城湿地入侵物种的清除工作一直在有序进行，通过视频的形式，记录下清除的某个阶段，留作纪念，方便人们查阅参考。

——同学G

4.5.2　企方评价

同学们的项目成果得到了企方的高度评价。企方导师十分欣赏同学们在项目推进过程中体现出的思维活跃度、思考问题的主动性、动手能力以及成果转化能力，并希望今后能与南方科技大学进行更多合作。

本章参考文献

［1］冯士筰，李凤歧，李少菁. 海洋科学导论［M］. 北京：高等教育出版社，1999.

［2］张海艳，海河口潮汐动力与潮流作用下的泥沙运动分析［D］. 天津：天津大学建筑工程学院，2008.

［3］黄磊黄. 潮汐原理与计算［M］. 青岛：中国海洋大学出版社，2005.

［4］孙湘平，姚静娴. 中国沿岸海洋水文气象概况［M］. 北京：科学出版社，1981.

［5］车伍，武彦杰，杨正，等. 海绵城市建设指南解读之城市雨洪调蓄系统的合理构建［J］. 中国给水排水，2015，31（8）：13-17，23.

［6］柴静. 普洱市主城区公园绿地系统雨洪调蓄能力研究［D］. 昆明：西南林业大学

城乡规划学院，2017.

［7］张岩，李秀艳，徐亚同，等. 8种植物床人工湿地脱氮除磷的研究［J］. 环境污染与防治，2012，34（8）：49-52.

［8］Vymazal J，Brix H，Cooper P F，et al. Removal mechanisms and types of constructed wetlands［J］. Backhuys Publisher，1998，1：17-66.

［9］Tanner C C. Plants for constructed wetland treatment systems — A comparison of the growth and nutrient uptake of eight emergent species［J］. Ecological Engineering，1996，7（1）：59-83.

［10］廖新俤，骆世明，吴银宝，等. 风车草和香根草在人工湿地中迁移养分能力的比较研究［J］. 应用生态学报，2005，1：156-160.

［11］陈桂珠，缪绅裕，黄玉山，等. 人工污水中的N在模拟秋茄湿地系统中的分配循环及其净化效果［J］. 环境科学学报，1996，（1）：44-50.

［12］卢少勇，张彭义，余刚，等. 茭草、芦苇与水葫芦的污染物释放规律［J］. 中国环境科学，2005，5：554-557.

［13］Bavor H J，Roser D J，Adcock P W. Challenges for the development of advanced constructed wetlands technology［J］. Water Science and Technology，1995，32（3）：13-20.

［14］付融冰. 强化人工湿地对富营养化水体的修复及作用机理研究［D］. 上海：同济大学环境科学与工程学院，2007.

［15］廖德祥. 全程自养生物脱氮基础研究及其污泥颗粒化培养［D］. 长沙：湖南大学环境科学与工程学院，2008.

［16］卢少勇，金相灿，余刚. 人工湿地的氮去除机理［J］. 生态学报，2006，8：2670-2677.

［17］郭海瑞，赵立纯，窦超银. 稻田人工湿地氮磷去除机制及其研究进展［J］. 江苏农业科学，2018，46（6）：23-26.

［18］宁中华，谢湉，刘泽正，等. 入侵物种对滨海湿地生态系统的生物地貌影响综述［J］. 北京师范大学学报（自然科学版），2018，54（1）：73-80.

［19］昝启杰，许会敏，谭凤仪，等. 深圳华侨城湿地物种多样性及其保护研究［J］. 湿地科学与管理，2013，9（3）：56-61.

第 5 章

前海自贸区
垃圾直运项目

5.1 | 项目背景

5.1.1 项目来源

美国著名的未来学家阿尔文·托夫勒在《第三次浪潮》中曾预言："继农业革命、工业革命、计算机革命之后，影响人类生存发展的又一次浪潮，将是世纪之交要出现的垃圾革命。"随着我国城镇化不断推进和经济水平高速发展，垃圾问题已成为城市管理工作的重点[1]。

近年来，习近平总书记多次对城市垃圾管理工作做出重要指示，垃圾的科学管理成为新时代下城市生态文明建设的关键环节[2]。2018年12月，《国务院办公厅关于印发"无废城市"建设试点工作方案的通知》（国办发〔2018〕128号），指出要通过推动形成绿色发展方式和生活方式，持续推进固体废物源头减量和资源化利用，最大限度减少填埋量，将固体废物环境影响降至最低。2019年4月，深圳市成为11个"无废城市"建设试点之一，要求统筹经济社会发展中的固体废物管理，通过试点示范探索建立量化指标体系，系统总结试点经验，形成可复制、可推广的建设模式。

为全面贯彻习近平生态文明思想，践行绿色发展理念，促进生态文明建设，保障城市可持续发展，深圳能源集团有限公司认真落实习近平总书记关于"无废城市"建设"生活垃圾分类"工作的重要指示精神，结合《深圳市"无废城市"建设试点实施方案》《深圳市生活垃圾分类工作技术路线和标准指引》，制定了深圳市能源环保有限公司（以下简称深能环保）助力深圳"无废城市"建设试点工作方案，为创建粤港澳大湾区、全国乃至全球可复制推广的"无废城市"建设模式提供"深圳方案"。

前海自贸区（以下简称前海）作为深圳未来的双中心之一，被定义为粤港澳大湾区的"曼哈顿"，建设富饶、先进、美丽的前海成为深圳市当前发展的重要目标。因此，深圳市"无废城市"建设试点工作方案选择前海作为垃圾分类直运试点区域，由深能环保负责开展相关研究与工作部署。基于深能环保与南方科技大学在前期环保领域的深入合作，借助创新设计课程契机，深能环保将部分研究内容交由本课题小组进行研究分析，期望借助高校科研技术力量及学生们的创新视角，深入开展垃圾直运课题研究，为深圳市建设"无废城市"添砖加瓦。

5.1.2　政策背景

2016年2月，《中共中央国务院——关于进一步加强城市规划建设管理工作的若干意见》（中发〔2016〕6号），指出要建设现代化城市，打造富有活力的和谐、宜居城市。其中强调了城市垃圾科学管理的重要措施，包括加强垃圾综合治理，通过分类投放收集、综合循环利用等途径，促进垃圾减量化、资源化、无害化。在提高垃圾回收率的同时，也要注重城市保洁工作，对垃圾处理设施的建设予以重视，统筹城乡垃圾处理处置，努力解决目前城市垃圾处理困境。通过对垃圾收运处理的企业化、市场化，提高城市垃圾的回收利用率。

2016年3月，十二届全国人大四次会议审查通过的《中华人民共和国国民经济和社会发展第十三个五年规划纲要》，从多个方面对社会发展做出了规划，在各领域发展中具有基础性、关键性、引领性、战略性作用，其中在"加大环境综合治理力度"篇中提出，要加大城镇垃圾处理设施建设力度和完善相应的收运系统，提高生活垃圾的处理率，推进生态保护、促进民生改善。

2017年12月，《住房城乡建设部关于加快推进部分重点城市生活垃圾分类工作的通知》（建城〔2017〕253号），提出加快推进垃圾分类工作，要做到生活垃圾分类投放、收集、运输、处理系统全覆盖，有计划地推进定时收集方式，同时对垃圾收运车辆做到专车专用，对生活垃圾分类运输车辆作业信息、行驶轨迹进行实时监控。需要继续完善各项法规政策，落实相关责任，对垃圾收运及处理全过程进行有效监管。同时结合互联网技术和信息化手段，努力对生活垃圾分类收运及处理的效果和质量进行提升。促进政府和市场合作，鼓励社会资本参与生活垃圾全过程分类的各环节，统筹前后端，实行一体化经营。

2019年6月，《住房和城乡建设部等部门关于在全国地级及以上城市全面开展生活垃圾分类工作的通知》(建城〔2019〕56号),明令提出对于运输环节要坚决防止"先分后混"。对分类后的生活垃圾实行分类运输,建立和完善分类运输系统,确保全程分类。要按照区域内实际情况,对分类运输车辆的收运频次、收运时间和运输线路加以制定完善。

2019年12月,广东省住房和城乡建设厅印发《广东省城市生活垃圾分类指引(试行)》,要求各级单位在引导居民进行源头生活垃圾分类投放的同时,也要做到生活垃圾分类收集、分类运输、分类处理的全程分类体系,形成统一完整、能力适应、协同高效、源头至末端相匹配的全过程分类运行系统,对垃圾全过程分类体系做出了详细说明,对加快推动广东省城市生活垃圾分类工作,改善城市人居环境,促进生态文明和社会文明有着指导性意义。其中,深圳将参照世界一流湾区先进城市的水平,建设完善匹配的分类运输体系和转运系统,确保全程分类。

深圳市作为我国改革开放前沿,为提升民众生活质量、改善民众生活环境,在生活垃圾全过程分类体系的建设上也已进行了众多创新探索和尝试。2008年,深圳市质量技术监督局发布《深圳市公共区域环境卫生质量和管理要求》SZJG 27-2008,要求城市生活垃圾运输全过程采取密闭方式进行生活垃圾转运,避免垃圾扬、撒、拖挂和污水滴漏。2015年,深圳市城市管理和综合执法局发布《深圳市生活垃圾分类和减量管理办法》(深圳市人民政府令第277号),具有前瞻性地提出了遵循政府主导、属地管理、公众参与、市场运作、社会监督的原则,对生活垃圾实行分类投放、分类收集、分类运输和分类处理。2018年,深圳市人大及其常委会修正的《深圳经济特区市容和环境卫生管理条例》从政策上对深圳市城市垃圾管理做出了相关规定,提出应对城市生活垃圾定时、定点收集和运送,并做到日产日清,同时运输途中注意密闭,防止沿途飞扬、泄漏和污水滴漏。2019年2月,深圳市人大常委会办公厅发布的关于《深圳经济特区生活垃圾分类投放规定(草案)》公开征求意见的公告中,在遵循政府推动、全民参与、属地管理、全面推进的原则下,推进居民生活垃圾分类的进程,并遵循相关规定,对垃圾及时进行收运处理。2019年9月,深圳市城市管理和综合执法局印发《深圳市生活垃圾分类工作激励办法》(深城管规〔2019〕4号),采取通报表扬为主、资金补助为辅的方式对分类成效显著的单位、住宅区、家庭和个人分别给予激励，从政策上对垃圾分类进行激励。

综上所述，从中央到地方，关于垃圾分类收运及处理的政策无一不彰显着政府推进垃圾分类进程的决心，垃圾全过程分类体系更是对垃圾减量化、资源化及回收利用有着非比寻常的意义[3]。随着社会经济发展，垃圾分类已成为城市管理的大势所趋。在这一进程中，深圳市前海地区作为"国际化城市新中心"，其在垃圾分类管理上的创新探索必将起着引领和示范作用。

5.1.3　直运概述

1．基本概念

垃圾直运模式，即垃圾收运过程中不经过垃圾中转站直接运输到垃圾处理场的一种新型垃圾收运模式[4]。它通过地理信息系统的使用、收运路线的规划和全收运流程的监控，以桶车对接、车车对接、厢车对接等方式，用压缩、密封、实用、环保、美观的电力收运车辆设备，在集置点或接驳点收集生活垃圾后直接运输到填埋场或焚烧厂等垃圾终端处理场所，是一种快捷、高效、清洁且能实现"源头可溯、去向可追、风险可控、公众参与"理念的垃圾收运模式[5]。

2．模式特点

与传统的垃圾转运模式相比，直运模式表现出六大特点：

（1）垃圾分类化

垃圾源头分类，提高垃圾回收效率，降低转运、处理成本。

（2）就近减量化

前置垃圾预加工设备，对生活垃圾预压缩，提高垃圾处理收运能力。

（3）分类运输规范化

规范垃圾分类收运工作，断绝垃圾流入非法处理渠道，合规合法。

（4）两网融合化

垃圾分类收运网和再生资源回收网集中在一个功能性设施，资源化处理。

（5）作业智能化

运营、决策、规划基于智能环境云，智能优化配置资本、运力、处理。

（6）管理数字化

投放数据、车辆数据、位置轨迹数据、物质数据轻松管控。

3. 模式优势

与传统的垃圾转运模式相比，直运模式表现出五大优势[6]：

（1）直运模式能够提升垃圾运输能力：直运模式使用的垃圾收运车辆集贮存、压缩、运输于一体，可以通过压缩垃圾有效提高装载能力，因此直运模式下车辆平均装载量高于转运模式。

（2）直运模式可以节约中转站用地：直运模式无需经过垃圾中转站，可以有效节省传统模式下的垃圾中转站用地。同时，已建成的垃圾中转站可改造为其他市政设施，如分类处理处置厂、直运接驳点、车辆停放点或清运工人休息点等。

（3）直运模式可以降低垃圾收运成本：直运模式一是可以节省垃圾转运站的建设和维护费用，二是可以节省垃圾收运车辆采购、运营和保养费用，三是可以节省垃圾收运所需的人力费用。

（4）直运模式可以有效推动垃圾分类工作：直运模式的实行，居民落实垃圾分类投放是前提，也是关键。推行直运模式，可以倒逼推动垃圾分类的实施。

（5）直运模式是环境友好型垃圾收运模式：直运模式不仅可以提高垃圾分类和处理效率，还可以有效避免收运环节中的跑冒滴漏，不会形成臭气聚集、聚集蚊蝇等现象，是一种环境友好型收运模式。

4. 国内开展垃圾直运的现状

鉴于以上特点和优势，从2009年起杭州市等国内众多城市陆续开始尝试生活垃圾直运模式，为今后直运模式的全国推广积累了大量宝贵经验。杭州市作为最早开展垃圾直运试点的典型示范城市，被众多后来者借鉴。垃圾直运模式也随着不断的尝试与探索，在应用实践中逐渐得到完善。国内各城市开展垃圾直运情况见表5-1。

国内城市开展垃圾直运情况一览表　　　　　　　　表5-1

序号	时间	城市	说明
1	2009年9月	浙江省杭州市	在钱江新城101个收集点和江干区5个中转站率先开展试点[7]
2	2012年11月	湖南省株洲市	以钟鼓岭为试点，将垃圾中转模式向直运模式转变[8]
3	2015年5月	河南省郑州市	在金水区开展垃圾直运模式试点[9]
4	2016年10月	河北省廊坊市	在安次区推行生活垃圾直运收集作业模式[10]
5	2018年3月	福建省厦门市	思明区开展垃圾直收直运，同年5月翔安区开始了厦门首个农村垃圾分类上门收集直运模式[11]
6	2019年3月	广东省广州市	黄埔区长洲岛推行地埋式直收直运系统[12]

5.1.4　课题研究对象

1．前海自贸区简介

前海自贸区位于珠江湾东岸，深圳蛇口半岛西侧，北邻宝安中心区，总占地面积约为18.4km²。同时，前海处于大珠三角区中心地区，与广佛、珠澳地区联系紧密。此外，前海毗邻香港与深圳国际机场，坐拥深圳西站与深圳地铁9个站点（前海湾、桂湾、鲤鱼门、前湾、梦海、怡海、前湾公园、妈湾、铁路公园），得天独厚的区位条件和交通优势使前海成为深圳市未来发展的核心地区。前海地区目前处于建设状态，易于实行新的收运政策，前海地区作为垃圾直运试点将起到引领直运模式的带头作用[13]。

根据《前海城市新中心建设三年行动计划（2018-2020）》，前海2020年规划人口为10万人，其中流动人口7万人，常住人口3万人。前海最终建成后，规划总人口规模为80万人，其中常住人口为30万人。

根据行业标准《生活垃圾收集运输技术规程》CJJ205-2013中垃圾排出量计算方法，垃圾日排出重量不均匀系数取1.30，居住人口变动系数取1.15，人均垃圾日排出量取0.66kg/d。按此估算，2020年前海区域每日垃圾排出量为9.87t/d，前海建成后垃圾产量规模为78.94t/d。

2. 试点小区简介

因课程时间受限，本课题根据当前前海的实际情况，筛选龙海家园和前海湾花园2个居民小区作为重点研究对象。试点小区地理位置如图5-1所示。

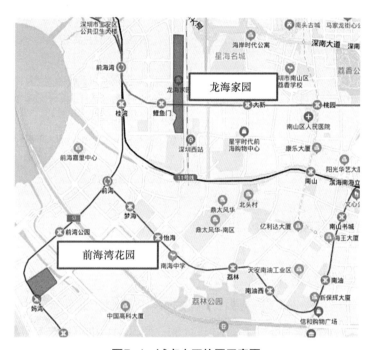

图5-1 试点小区位置示意图

龙海家园位于前海地区东南端，占地面积近3km^2，属公共租赁住房，为深圳地铁前海车辆段区域的保障性住房，总房源12363套。小区整体沿怡海大道呈南北狭长型分布，建有地下式商区龙海商业广场。

前海湾花园位于南山区前海中心区前海物流园区内，为低密度、花园式、小高层带电梯的精装修公寓住宅小区。前海湾花园分成4期，每期之间都有市政道路贯通，交通便利，总户数为700户。

5.1.5　主要研究内容

1．现状调研

通过文献调研、现场考察、企业交流、问卷调查等对国内垃圾直运模式现状进行系统调研，了解直运模式政策情况、运行特点、推行成本等，掌握当前国内各城市推行垃圾直运的现状，分析运行过程中存在的问题。

2．模式比选

通过经济成本、环境影响、居民满意度等多方面比较分析垃圾直运与转运两种模式的优劣势，研判前海地区推行垃圾直运的可行性。以浙江省杭州市垃圾直运为借鉴，制定符合前海自贸区的特色垃圾直运模式，为深圳市全面实施垃圾直运提供可推广可复制的成功经验。

3．方案优化

深圳市能源环保集团针对前海垃圾直运模式已编制了初步的实施建议方案，本课题根据前期调研成果，对当前前海垃圾直运方案提出优化建议，包括路径规划建议、微信小程序开发建议和集置点优化建议。

5.2 | 课题研究方法

5.2.1　文献资料调研

多渠道收集调查有关垃圾直运、路线优化等的资料，包括法律法规、论文文献、新闻报道、行业报告、网页信息等，系统调研垃圾直运特点，从结合前海实际情况，研判推行直运模式的可行性。

5.2.2　实地调研考察

为了解前海自贸区实际情况，对推行区进行实地调研考察，本课题选择具有代表性的龙海家园和前海湾花园两个小区进行调研，了解前海居民小区垃圾收集的情况。此外，为了学习杭州市直运模式的经验，调研组成员赴杭州市主城区中的左岸小区、灯芯巷社区和庆春路金融街等地点进行实地调研，切实了解杭州直运经验。

5.2.3　企业交流访谈

课题实施过程中，课题组成员积极与前海垃圾直运承担单位深圳市能源环保有限公司对接交流，多次前往企业进行汇报与交流。此外，调研组成员联系了杭州市垃圾直运项目承担单位杭州市环境集团有限公司（以下简称"杭州环境"），并前往企业进行了专题交流与学习。

5.2.4　问卷调研分析

为了解居民日常投放生活垃圾的习惯，以及对目前生活小区垃圾收运方式的意见，课题组使用问卷星设计了"关于居民生活垃圾生产投放习惯以及垃圾收集的调查问卷"，在龙海家园前海湾花园以及前海地区的公园、菜市场等地进行了现场问卷调查。同时，也在QQ空间和朋友圈等社交平台上进行了电子问卷的发放。

5.2.5　路径规划研究

遗传算法（Genetic Algorithm，GA）与蚁群算法（Ant Colony Optimization，ACO）是现代启发式优化算法中的两种智能算法，对于处理背包问题（Knapsack Problem，KP）和旅行商问题（Traveling Salesman Problem，TSP）两种组合优化问题（Combinatorial Optimization，CO）都有着较好的

运用[14~16]。直运模式垃圾收运路线的规划可以当成解决满足遍历所有集置点，使路程最短的组合优化问题。

1．遗传算法

遗传算法是通过模拟达尔文生物进化论的遗传学机理过程搜索最优解的方法，它将仿照基因编码，以染色体为载体，利用二进制数串，在初代种群产生之后，按照优胜劣汰的原理，进行交叉与变异，逐步进化，产生越来越好的种群，即最优解。其优势主要体现在以下三点[17]：

（1）参数约束对遗传算法的影响较小，限制条件少，易于应用。

（2）全局寻优能力强，且可扩展性强，易于同其他算法结合。

（3）具有一定的并行性与并行计算能力，可以快速求解大规模复杂问题。

将前海自贸区桂湾片区集置点位类比成上述背包问题中的物品，重量类比看成对应集置点位上的垃圾量，生存点数类比看成路程，那么适应度函数就是总路程和，使用遗传算法优化。下面以经典的背包问题为例对遗传算法进行介绍[18]。

小明打算出去野外游玩1个月，但是他只能背一个限重30kg的背包。现在有若干不同的野游物品，它们每一个都有自己的生存点数（表5-2）。小明的目标是在有限的背包质量30kg下，选择合理的物品来最大化他的生存点数，使得他能在这1个月的野游中更好地存活下来。

背包问题假设条件　　　　　　　　　表5-2

物品	质量（kg）	生存点数
睡袋	15	10
绳索	3	7
刀	1	6
手电筒	2	5
罐头	9	14
葡萄糖	15	20

（1）初始化

遗传算法将染色体表达为二进制数串，1代表基因存在，0代表基本不存在。随便生成染色体，即数串A1（100110）表示睡袋、手电筒和罐头被携带，数串A2（001101）表示刀、手电筒和葡萄糖被携带。

（2）适应度计算

对于生成的染色体，计算适应度。例如，染色体A1数串（100110）、染色体A2数串（001101）代表物品的生存点数分别为29、25。在质量不超过30kg的情况下，生存点数越高，它对应染色体的适应性越强。由此可知，染色体A1适应性强于染色体A2。

（3）选择

从染色体总体中选择合适的两个染色体，作为亲本，让它们互相交配，产生下一代子染色体。此处以上述染色体A1与A2为例。

（4）交叉

两个亲本染色体数串之间，互相交换对应位置的子数串，来生成两个子代染色体数串的过程称为交叉。交叉存在两种形式，分别为单点交叉和多点交叉。单点交叉即两个染色体随机选择单个点位进行基因序列的互相交换，多点交叉即随机选择多个点位进行基因序列互换，交叉过程如图5-2和图5-3所示。

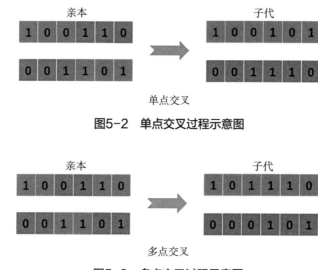

图5-2　单点交叉过程示意图

图5-3　多点交叉过程示意图

（5）变异

按照达尔文的生物进化论，后代基因会发生一些突变，即染色体数串"0"
与"1"的突变，使得种群存在更多的多样性，这个过程称为变异，如图5-4
所示。

图5-4　变异过程示意图

（6）替换

在进行完一轮"交叉变异"之后，用适应度函数对子代和变异后的染色体数
串进行验证，如果判定它们适应度足够，那么就会用它们从总体中替代那些适应
度不够的染色体。

（7）迭代

完成总体染色体的替换后，再进行新一轮总体染色体的"交叉变异"迭代。

（8）终止

找出最优的染色体，即染色体数串达到适应度函数的最高值，停止迭代。

2．蚁群算法

蚁群算法是通过模拟蚂蚁觅食发现最短路径的过程进行搜索最优解的方法，
它将整个蚂蚁群经历的所有路径构成待优化的解空间，根据蚂蚁释放的信息素随
着时间增加与距离增加不断减弱这一原理，诱导蚂蚁集中到最优路径上，即最优
解。蚁群算法主要有以下三点优势：

（1）蚁群算法具有正反馈机制，收敛速度快[19]。

（2）蚁群算法参数较少，设置简单，容易实现组合优化问题的求解[20]。

（3）蚁群算法具有分布式计算特性，容易同并行计算[19]。

以前海自贸区桂湾片区集置点为目的地，将满足一次性遍历所有集置点，总
路程最短的问题看成经典的旅行商问题（TSP），设置m、ρ、α、β、Q等相关参
数，使用蚁群算法优化垃圾集运车辆运行路线。以下以蚁群选择最优路径方式介
绍具体步骤[21]：

（1）初始化

初始化 m、ρ、α、β、Q 等相关参数（具体定义及影响见表5-3）。第一批蚂蚁外出，没有信息素的诱导，随机进行路径选择，生成初始解，如图5-5所示。

蚁群算法参数及影响　　　　　　　　　　　　　　　　　　表5-3

参数	定义	影响
m	蚂蚁数量	m越大代表最优解越精确，但会增加时间复杂度
ρ	信息挥发因子	ρ越大，蚂蚁对信息素的感知就越弱
α	信息启发式因子	α越大，蚂蚁重复路径的可能就越大
β	期望启发式因子	β越大，蚂蚁越容易产生局部最优路径
Q	信息强度	Q越大，蚂蚁释放的信息素就越大

（2）迭代

蚂蚁在行进路径上会留下特殊的信息素，经过蚂蚁多的点的信息素强于少的点，距离初始点近的点的信息素强于远的点，经过时间短的点的信息素强于时间长的点。多次迭代后，不同路线上将呈现出不同的信息素强度，如图5-6所示。

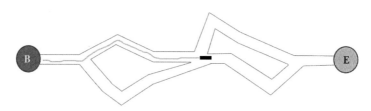

图5-5　初始解生成示意图

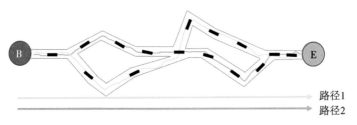

路径1
路径2

图5-6　路径迭代示意图

（3）终止

渐渐地，蚁群绝大部分会选择出距离最短、时间最少的路径，这一条路径就是最优解，如图5-7所示。

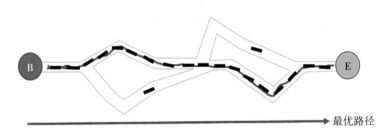

图5-7　最优路径选择示意图

5.3
结果与讨论

5.3.1　前海现状调研

1．龙海家园

2019年9月9日，调研组前往前海的龙海家园小区，对周边垃圾收集站、小区内的垃圾桶和收集点进行了现场调研，从而对龙海花园垃圾、周围小区垃圾的收集方式与收集点的配置建立了初步概念（图5-8）。

龙海家园每两栋楼间有一个垃圾收集点，每个收集点根据场地情况放置10~13个240L垃圾桶，涉及可回收垃圾、有毒有害垃圾等分类，由不同的公司对分类垃圾进行收运处理。

龙海家园配置有一个垃圾收集站，位于东南角负二层。物业每天进行三次垃圾收集工作，利用平板车对分散于小区的各垃圾收集点进行清运，每次耗时1~2h。垃圾运到收集站后，由市政垃圾运输车对垃圾进行压缩后运送至南山焚烧发电厂进行处理。

（a）　　　　　　　　　　　　　　　　（b）

（c）　　　　　　　　　　　　　　　　（d）

图5-8　龙海家园现场踏勘照片（曾海翔摄）

（a）龙海家园垃圾收集站；（b）现场人员访谈；（c）小区普通垃圾收集点；（d）分类有害垃圾投放点

2. 前海湾花园

2019年9月25日，调研组赴前海湾花园小区，对小区的垃圾收集转运现状进行现场调研（图5-9）。调查过程中使用激光测距器对小区内垃圾收集点的尺寸、垃圾收集点到通道的距离、垃圾房的面积等进行测量。

前海湾花园有一到四期小区，呈"田"字形布局，四期小区共用一个垃圾收集站。每一期小区内的一楼和负一楼均设有垃圾收集点，收集点设置在每栋楼的出口或电梯附近，便于居民投放垃圾。每个收集点均用黄线标明，根据场地情况放置4~6个240L的垃圾桶。目前小区未进行垃圾分类的推广，所有种类垃圾集中堆放。每期小区有专门的工人负责垃圾桶的搬运，搬运到收集站后再由市政垃圾车进行收运。

图5-9　前海湾花园现场踏勘照片（曾海翔摄）
（a）五栋垃圾收集点；（b）现场测距；（c）现场人员访谈；（d）垃圾收集站

3．存在问题分析

在龙海家园与前海湾家园两个小区垃圾收集点调研后发现存在如下问题：

（1）垃圾桶露天放置，受天气影响较大，且容易对周围环境造成污染，影响小区容貌。

（2）龙海家园小区布局长，因此垃圾收集点较分散，收集工作虽有利用平板车，但工作量仍较大。

（3）前海湾花园因收集点位置条件受限无法使用车辆收集，只能全由人工搬运至收集站，经对工人采访了解到工人的工作强度十分大。

（4）垃圾收集点位置设计不合理，存在居民投放不便、影响小区整体观感、异味扩散等问题。

5.3.2　杭州学习交流

杭州是实行垃圾直运的先锋城市，2019年已是杭州实行垃圾直运的第十个年头。在这十年间，主要运营企业杭州环境在垃圾直运领域积累了丰富经验，值得各地学习。为此，2019年11月26~29日在学院与深能环保的共同帮助下，调研组成员前往杭州环境进行学习交流（图5-10），并参观考察了：（1）杭州环境系统操作大厅；（2）清洁直运车停车场；（3）左岸花园；（4）灯芯巷社区与庆春路商业街。现场考察过程中，对小区、社区的定时定点垃圾收集方式、配套的垃圾集置点、垃圾清运车等工作逻辑以及工作方式进行了详细记录。

（a）　　　　　　　　　　　　　　　　　（b）

（c）　　　　　　　　　　　　　　　　　（d）

图5-10　赴杭州环境学习交流（曾海翔摄）
（a）天子岭循环经济产业园区正门；（b）与杭州环境黄经理交流；
（c）参观停车场；（d）系统操作大厅前合影

　　11月27日，调研组在天子岭循环经济产业园区与"杭州环境"的黄经理进行交流学习。在交流中，黄经理着重介绍了"分色投放、分色清运"的管理方式，即用不同颜色的垃圾桶收集固定一类的垃圾，垃圾桶的颜色与清运车辆的颜色一致。以此增加清运过程中的辨识度，便于市民监督同时便于自我管理，防止先分类、后混合的情况发生。定时定点投放也是杭州模式的一大亮点：在规定时间内，垃圾桶开放，居民可以投放垃圾；非规定时间时封闭垃圾桶或将垃圾桶移走。这样减少了垃圾在桶中的停留时间，改善了小区环境。此外，黄经理还指出了垃圾直运的重点难点：垃圾清洁直运的实施，需要有硬件的保障、各部门和单位的精准协同、各方协商的行业标准和行之有效的监管体系。

　　左岸小区垃圾收集点主要布设在小区主路、路口或最靠近楼宇的道路旁（图5-11~图5-15）。目前物业为了减少收集点，正在与小区业主商讨垃圾收集点的布设问题。因垃圾的数量以及交通情况不同，每天早上垃圾收集时间也不固定，物业也正与杭州环境协调当中。

图5-11　左岸花园垃圾收集点及集置点位置

图5-12　左岸花园垃圾收集点（曾海翔摄）

图5-13　配套的垃圾集置点（曾海翔摄）

图5-14　与左岸花园物业负责人交流
（曾海翔摄）

图5-15　与左岸花园清洁人员交流
（曾海翔摄）

在灯芯巷社区的调研中，调研组发现该社区的垃圾收集点分为定时点和全时段点两种类型。调研组判断可能是由于该社区的居住情况较左岸小区更为复杂，因此按此方式设置。庆春路商业街的垃圾收集点均在建筑一层或地下室内，有专人负责收集，通过电梯搬运，再根据楼层的情况使用人工或小车把垃圾桶搬运到集置点进行统一收集（图5-16~图5-18）。

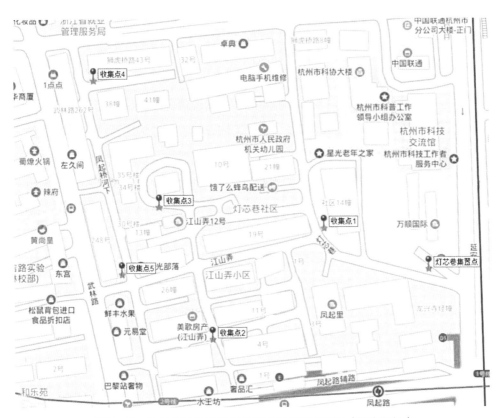

图5-16　灯芯巷社区内垃圾收集点及集置点位置（曾海翔摄）

图5-17　灯芯巷社区垃圾收集点
（曾海翔摄）

图5-18　灯芯巷社区附近中转站
（曾海翔摄）

5.3.3　前海垃圾直运模式分析

1．直运方案综述

借鉴杭州垃圾直运模式，选取前海地区中的桂湾区域为例，前海地区直运方案将在居民小区、商业区、写字楼、项目工地等地设置垃圾集置点，将垃圾集中收运，提高直运的收运效率。垃圾集置点规模、数量以及选址将根据不同地区的垃圾产生量、交通情况、地区规划等因素进行规划。每个垃圾收集点将在每天的固定时间段内开放供居民投放垃圾，在开放时段以外收集点则会关闭，无法投放垃圾，定时定点，可简化收运流程，便于管理与操作。

传统转运模式中，垃圾被运送至垃圾中转站后再进行分类。而直运方案是垃圾将被分类投放、收集至垃圾收集点，垃圾分类作业在前端收集环节就已完成，不同类别的垃圾将分别由专门的车辆进行收运，确保垃圾分类的有效性，有助于提高垃圾的资源价值和经济价值。

收运车辆将按照优化算法规划的最优路线前往各垃圾收集点进行桶车对接，满载后会直接将垃圾运送至末端的垃圾处理厂，收运车辆采用密封箱体，并配备垃圾压缩和机械化卸料装置，可有效改善垃圾收运过程中"跑、冒、滴、漏"等现象，真正做到垃圾不落地、不外露、无抛撒。

2．成本分析

（1）设备成本

以桂湾片区为例，根据行业标准《生活垃圾收集运输技术规程》CJJ 205—2013对垃圾直运成本进行测算。

1）垃圾容器收集范围内的垃圾日排出重量按式（5-1）计算：

$$Q=\frac{RCA_1A_2}{1000} \qquad (5\text{-}1)$$

式中　Q——垃圾日排出重量，t/d；

　　　R——收集范围内服务人口数量，人；

　　　C——预测的人均垃圾日排出重量，kg·d/人，一般取0.5~1.0，城市可取偏大值，村镇及偏远地区可取偏小值；

　　　A_1——垃圾日排出重量不均匀系数，城市取1.10~1.30，村镇取0.80~1.20；

A_2——居住人口变动系数，城市取1.00~1.15，村镇取0.90~1.00。

深圳市人口密度约为0.65万人/km²，前海桂湾片区面积2.95km²，则可计算出收集范围内服务人口数量约19175人，取R=19200人。

C值按经验系数取值为0.66kg/d。

不均匀系数A_1取1.3，A_2取1.15。

根据公式，计算可得桂湾片区Q=18.94t/d。

2）垃圾容器收集范围内的垃圾日排出体积应按式（5-2）和式（5-3）计算：

$$V_{ave} = \frac{Q}{D_{ave}A_3} \qquad （5-2）$$

$$V_{max} = KV_{ave} \qquad （5-3）$$

式中　V_{ave}——垃圾平均日排出体积，m³/d；

　　　D_{ave}——垃圾平均密度，t/m³，混合生活垃圾自然堆积的典型密度为0.3~0.6t/m³；

　　　A_3——垃圾密度变动系数，取值0.7~0.9；

　　　V_{max}——垃圾高峰时日排出最大体积，m³/d；

　　　K——垃圾高峰时日排出体积的变动系数，取1.5~1.8。

本方案中，垃圾平均密度取0.6t/m³，垃圾密度变动系数取0.9，垃圾高峰时日排出体积的变动系数取1.8。则可计算出垃圾平均日排出体积V_{ave}=35.07m³/d，垃圾高峰时日排出最大体积V_{max}=63.13m³/d。

3）收集点所需的垃圾容器数量应按式（5-4）和式（5-5）计算：

$$N_{ave} = \frac{V_{ave}A_4}{EB} \qquad （5-4）$$

$$N_{max} = \frac{V_{max}A_4}{EB} \qquad （5-5）$$

式中　N_{ave}——平均所需设置的垃圾容器数量，只/次；

　　　A_4——垃圾清除周期，d/次；

　　　E——单只垃圾容器的容积，m³/只；

　　　B——垃圾容器填充系数，取0.75~0.9；

　　　N_{max}——垃圾高峰时所需设置的垃圾容器数量，只/次。

此方案中设定均为240L的垃圾桶，每日清除一次，垃圾容器填充系数取0.9。则可计算出：垃圾桶数量N_{ave}=163只/次，峰值垃圾桶数量N_{max}=293只/次。

4）生活垃圾宜采用垃圾车进行收集，收集车辆配置数量应按式（5-6）计算：

$$N=\frac{Q_d}{q \times m \times \eta} \tag{5-6}$$

式中　N——收集车数量，车；

　　　Q_d——日均垃圾清运量，t/d；

　　　q——单车额定载荷，t/车次；

　　　m——单车清运频率，次/d；

　　　η——装载系数，取0.85~0.95。

日均垃圾清运量经计算应为18.94t，假设均采用5t电动后装式垃圾车，清运频率为1次/d，装载系数取0.95，则收集车数量约为3.99车，取N=4车。

综上，根据相关文件及计算所得，桂湾片区正常垃圾收运需要垃圾桶163只，高峰时期至多需要垃圾桶293只，5t垃圾收集车4辆，才能至少满足前海桂湾片区垃圾收运需求。根据深圳前瞻产业研究院发布的《中国生活垃圾处理行业发展前景与投资预测分析报告》，目前我国生活垃圾中餐余垃圾占比达到59.3%，接近60%。所以需要5t电动垃圾收集车（即中型电动垃圾收集车）2辆，厨余垃圾收集车2辆，用于桂湾片区的垃圾收运。

考虑成本和场地因素，本方案中前海桂湾片区240L垃圾桶数量定为163只，并另外设置20只660L大容量垃圾桶作为垃圾投放高峰日使用，以及40只120L小型垃圾桶作为日常备用垃圾桶。因此，本方案设备费用测算见表5-4。

桂湾片区实际基础设施购置计划　　　　　　　　　　表5-4

名称	单价（元）	数量	总价（万元）	使用年限（年）	备注
中型电动后装式垃圾车	40万	2辆	80	15	深能环保提供信息
电动餐厨垃圾收集车	50万	2辆	100	15	深能环保提供信息
240L垃圾桶	218	163只	3.55	6	淘宝询价
120L垃圾桶	125	40只	0.5	6	淘宝询价
660L垃圾桶	645	20只	1.29	6	淘宝询价

（2）工作场地成本

工作场地为前海地区的整体工作场地所需建设费用，参考杭州环保集团测算方案，14.92km²服务范围30年所需工作场地成本约为400万元。按照桂湾片区面积比例计算，30年服务期内工作场地成本费用为：400万元 2.95km²/14.92km²=79万元。

（3）运营成本

1）人员成本

根据深能环保前期测算方案，前海地区垃圾收运人员成本为一年300万元，桂湾片区面积占比为19.8%，则估算桂湾片区人员成本为300万元×19.8%=59.4万元/年。

2）车辆运输成本

根据海沃机械（中国）有限公司数据，5t纯电动垃圾收集车每公里耗电量约为1.93kWh。

根据GIS组计算结果（详见后文"路径优化算法"章节内容），单次收运总路程为32.80km，一天每辆车清运一次，共四辆车，每日总耗电量为253.22kWh。

参考深圳市充电桩电费价格1.10元/kWh，则四辆垃圾收集车每日的耗电费用为278.54元，年度耗电费用约为10.17万元。同时，根据杭州调研结果，车辆每年维护费用为车辆价值的5%，则每年总维护费用9万元。

垃圾收集车运营年度总费用为19.17万元。

（4）综合单价

综上，每年度总费用为=设备成本+场地成本+运营成本（人工费+垃圾收集车运营费用）=94.09万元。

年均垃圾清运量Q=垃圾日清运量×天数=6913.1t。

综上，桂湾片区垃圾直运项目成本P=年度总费用÷年度垃圾清运量=136.36元/t，成本分解如图5-19所示。

根据杭州调研结果，杭州垃圾直运项目的清运费用为175元/t。可以看出，深圳市垃圾直运价格显著低于杭州市，使用电动垃圾收集车的成本优势明显。同时实际运营中，前海地区还将设立有机生物处理机对部分厨余垃圾进行前处理，将降低厨余垃圾的收运量。桂湾片区作为距离垃圾处理厂较远的片区，清运的里程较长，当直运范围扩大到前海地区时，空载量会降低，且平均清运里程会缩短，成本将会进一步降低。

3.环境影响

垃圾直运模式中仅需租用少量场地空间作为工作区域，而垃圾转运模式还需根据服务区域情况建设垃圾转运站，以满足运输需求（图5-20）。根据前海片区城市规划，若采用垃圾转运模式，桂湾片区需要新建6个垃圾转运站，不仅增加了财政成本，还可能对周边区域环境造成不利影响。

图5-19 桂湾片区垃圾直运项目成本分解图

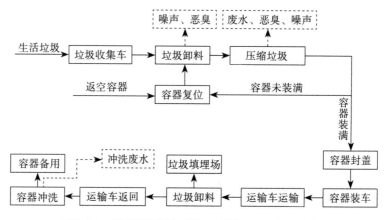

图5-20 垃圾转运站运营期工艺流程及产污工序框图

垃圾转运站在运营过程中会产生多种二次污染，垃圾压缩过程中会产生恶臭、垃圾压滤液等，以及一定的生产噪声。根据深圳市明珠立交垃圾转运站环评报告，营运期的项目外排废水中主要污染物包含COD_{Cr}、SS、BOD_5、氨氮等，其中COD_{Cr}浓度可达400mg/L，BOD_5可达300mg/L，NH_3-N可达25mg/L，SS可达200mg/L，给市政污水处理系统带来额外负担。同时也会产生含有粉尘、H_2S和NH_3的废气，若处理不当，则会对周边居民生产生活带来影响。

垃圾中转站易导致周边环境卫生条件的恶化，如蚊、蝇、虫、鼠病害增多，影响附近居民，特别是深圳气候较为炎热湿润，瓜果蔬菜等厨余垃圾容易滋生蚊虫。

虽然以上问题可以通过相应技术手段解决，但仍需要投入额外的人力物力对其进行治理。相较来说，垃圾直运方案有效避免了这一环节的污染，同时减少了财政上在此方面的支出。

4. 居民满意度

（1）问卷设计

为了调查居民对于垃圾设置点与投放垃圾行为模式的满意度，并收集居民对于垃圾直运政策面的理解情况，调查组设计了共13题的问卷，内容包括填写人基本信息、居民垃圾投放行为、垃圾收运政策等。调查问卷样式如下所示：

生活在城市中的我们，不可避免产生垃圾，垃圾投递早已成为我们日常生活中的基本活动。整洁优美的环境一直都是大家追求的目标，生活垃圾分类也逐渐在各个城市中开展。为了解居民对生活垃圾的投放习惯，以此优化垃圾投放地点及回收方式，我们设计了这个调查问卷，希望得到大家的配合和支持。

❖

1. 您会对生活垃圾进行分类吗？［单选题］*

   □会分类　　　　　　　　□不会分类

   □偶尔会分类

2. 您一般会选择在什么时段扔垃圾？［多选题］*

   □ 6:00–8:00　　　　　□ 8:00–10:00　　　　　□ 10:00–12:00

   □ 12:00–14:00　　　　□ 14:00–16:00　　　　□ 16:00–18:00

   □ 18:00–20:00　　　　□ 20:00–22:00　　　　□ 22:00–24:00

3. 垃圾收集点是否存在"脏乱"现象或者异味？［多选题］*

   □ 有脏乱　　　　　　□ 没有脏乱　　　　　　□ 有异味

   □ 没有异味　　　　　□ 没注意

4. 垃圾收集车在收集垃圾时会有噪音和异味吗？［多选题］*

   □ 有异味　　　　　　□ 没有异味　　　　　　□ 有噪音

   □ 没有噪音　　　　　□ 没注意

5. 您知道垃圾直运吗？［单选题］*

   □ 知道　　　　　　　□ 不知道

6. 您认为直运相对于转运有哪些优势？［多选题］*

   □ 避免垃圾在运输过程中再次造成污染

   □ 改变了垃圾房臭气熏天的状况

   □ 可以更好地配合垃圾分类收集、处理

   □ 看起来更加美观、高档

   □ 感觉没有明显优势

7. 您知道自己小区采用什么垃圾收集方式吗？［单选题］*

   □垃圾转运方式　　　　□垃圾直运方式　　　　　□不清楚

8. 您更倾向于小区使用直运方式还是转运方式？［单选题］*

   □垃圾直运　　　　　　□垃圾转运

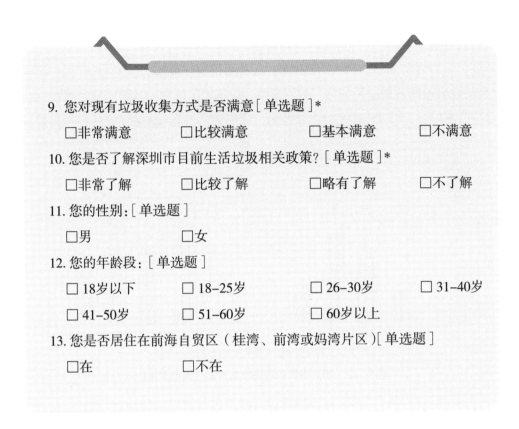

9. 您对现有垃圾收集方式是否满意[单选题]*

□非常满意　　　□比较满意　　　□基本满意　　　□不满意

10. 您是否了解深圳市目前生活垃圾相关政策?[单选题]*

□非常了解　　　□比较了解　　　□略有了解　　　□不了解

11. 您的性别:[单选题]

□男　　　　　　□女

12. 您的年龄段:[单选题]

□18岁以下　　　□18-25岁　　　□26-30岁　　　□31-40岁

□41-50岁　　　□51-60岁　　　□60岁以上

13. 您是否居住在前海自贸区(桂湾、前湾或妈湾片区)[单选题]

□在　　　　　　□不在

（2）结果统计

本次问卷调查共收集到202份有效问卷,其中纸质问卷91份,电子问卷111份。纸质问卷调查在前海地区线下进行,电子问卷则在项目成员的朋友圈和空间里发放。受访者居住情况和年龄分布统计如图5-21所示。

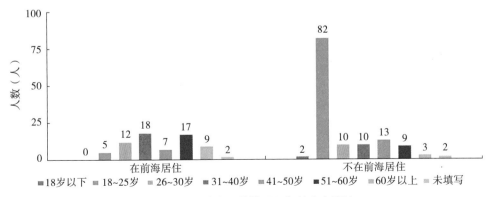

图5-21　受访者居住情况和年龄分布统计

　　问卷调查了居民对目前生活小区垃圾投放点以及垃圾收集情况的看法，结果如图5-22所示，有接近一半的居民表示垃圾收集点存在脏乱和异味的情况。在对"目前垃圾收集方式是否满意"的问题中，前海地区居民和非前海地区居民的满意度分布相似，约20%的居民对现收集方式不满，而40%左右的居民基本满意。

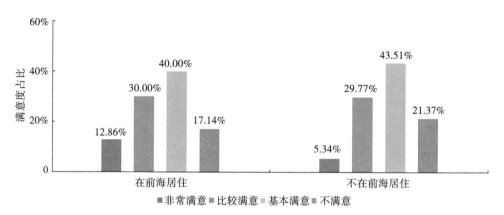

图5-22　居民对目前垃圾收集方式的满意度统计

　　如图5-23所示，在关于垃圾转运和垃圾直运的问题中，约80%的居民不了解垃圾直运模式，但在经过简单介绍后，有接近85%的居民更倾向于小区使用垃圾直运方式收集垃圾，大多调查者认为这种方式可以避免垃圾在运输过程中再次造成污染和改变垃圾房臭气熏天的状况。

　　此外，问卷还调查了居民是否有垃圾分类的习惯和日常选择丢垃圾的时间

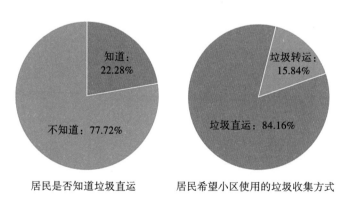

居民是否知道垃圾直运　　　居民希望小区使用的垃圾收集方式

图5-23　居民对垃圾收集模式的倾向程度统计

段。有21.8%的居民选择了不会进行垃圾分类，"会分类"和"偶尔会分类"各占38.6%与39.6%，并且大部分居民对生活垃圾的相关政策了解不多（图5-24）。在居民丢垃圾的时间段选择上，多数居民选择在早上和晚上的六到十点丢弃垃圾（图5-25）。

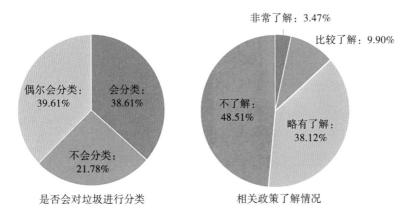

图5-24　居民是否会对垃圾进行分类以及对相关政策的了解情况

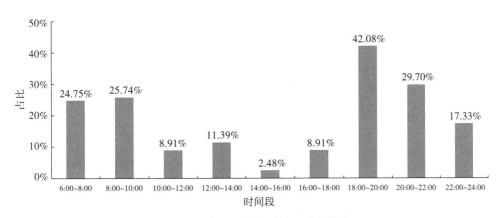

图5-25　居民丢垃圾时间段分布统计

5.3.4　直运方案优化和建议

1．路线优化算法

垃圾直运的落地实施，首先需要居民配合落实前端垃圾分类工作，以及需要不断成熟的5G与地理信息系统（GIS）等技术支撑。其次，通过先进的智能化收运设备，以及科学合理的路径规划，可以更大限度发挥垃圾直运低人力、高效率的优势。

关于路径规划的优化算法，目前已知的成文研究较少。本方案结合终端对众包模式外卖配送问题的研究，将垃圾收运问题类比看成外卖配送问题，使用遗传算法与蚁群算法两种不同的优化算法对垃圾直运路线进行合理优化。

（1）运行情境

遗传算法：直运收运区只有一个垃圾焚烧处理厂（终端）、收运车辆数量不限、收运起点终点都是垃圾焚烧处理厂，默认两个收运点之间往返路程相同，不考虑实际道路信息、收运时间与收运点垃圾随时间增长的情况。

蚁群算法：直运收运区只有一个垃圾焚烧处理厂（终端）、收运车辆数量只有一辆、收运起点终点都是垃圾焚烧处理厂，不考虑实际道路信息、收运时间与收运点垃圾随时间增长的情况。

（2）情境模拟

深圳市前海自贸区占地面积1492hm²，包括桂湾、前湾、妈湾三个湾区。以桂湾区作为使用遗传算法与蚁群算法优化收运路线的实际地区。根据图5-26的基本规划并结合卫星地图，进行垃圾收运点位设置。对商务服务区等住宅区，布点

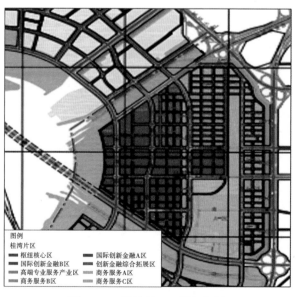

图5-26 桂湾片区用地规划图

满足收运点服务半径为70m的原则；对其
他分区等商业、金融业办公楼，布点满足
服务半径为150m的原则；对工地或绿地
等生活垃圾产生较少区域暂时不予考虑。
垃圾收运点位分布如图5-27所示。

（3）模型建立

　　根据模拟垃圾收运点位（24个）与垃
圾焚烧处理厂（1个）的地理位置和分布，
统计每两个点位之间的最短路径数据，
建立可视化路径点位定位坐标数据（图

图5-27　集置点模拟分布图

5-28），并将数据整理成遗传算法与蚁群算法输入形式。

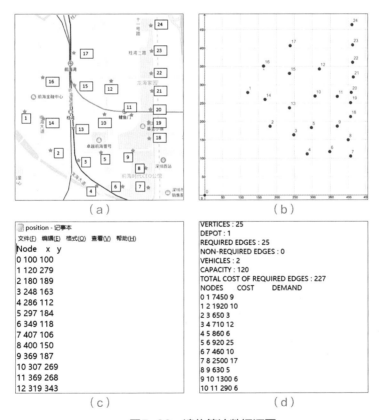

图5-28　遗传算法数据源图

（a）点位分布图；（b）点位分布模拟；（c）点位坐标；（d）参数设置

101

（4）初步模拟

将数据整理后分别使用遗传算法与蚁群算法对桂湾片区收运点进行收运模拟。

遗传算法运行结果如图5-29所示，两辆收运车辆同时从处理厂（0）出发，分别按照17-18-19-20-21-22-23-24-12-11-10-15-16，1-2-3-9-8-7-6-5-4-13-14的顺序依次收运垃圾后，回到处理厂。

蚁群算法运行结果如图5-30所示，一辆收运车辆从处理厂（0）出发，按照1-16-14-2-4-18-3-5-10-18-19-11-24-23-22-21-20-15-12-17-9-8-6-7的顺序依次收运垃圾后，回到处理厂。

（5）模型优化

上述遗传算法与蚁群算法的建模分析均是在特定假设环境中进行，然而现实的垃圾收运情景是复杂多变的，充满了各种突发性事件。下面将根据典型突发事件的特征，对遗传算法与蚁群算法进行调整，以应对突发事件的管理，使路线优化更贴近现实情境。

1）道路阻塞事件处理

当路径发生阻塞事件时，根据拥堵情况增加与下一个点位的模拟距离，再根据已收集垃圾量、剩余点位分布、剩余垃圾量等条件建立新的模型，重新规划路线。清运人员根据模拟出的最优路径，选择收运路线。

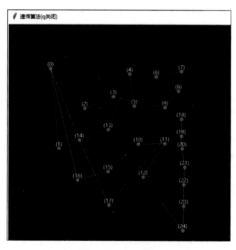

图5-29　遗传算法运行结果图

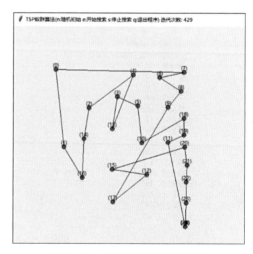

图5-30　蚁群算法运行结果图

2）收运车辆故障事件处理

当收运车辆出现故障，无法行驶时，若仅有一辆收运车辆时，可以将故障车辆所在地点看成一个新的集置点，根据剩下收运任务重新规划路线并安排新的车辆收运；若有多辆收运车辆，可以将剩下的收运任务重新分配。

3）收运任务追加事件处理

当有额外的垃圾需要收运时，若垃圾量在收运车容载量范围之内时，重新分配收运任务；若垃圾量超出收运车容载量时，安排新的收运车辆并根据车辆的容载量与剩下收运任务重新规划路线。

2．配套微信小程序开发

（1）微信小程序简介

传统的垃圾收集转运模式存在诸多弊端，如转运站选址难、运营成本高、收运过程跑冒滴漏等。前海新区作为深圳改革开放的窗口，如果按照传统建设模式，很难有足够的地方建设转运站，运力不能满足垃圾收运的需求。因此，本课题提出垃圾清洁直运这一模式，以清洁高效低污染的新型垃圾收运模式取代传统垃圾转运模式，助力前海新区的发展。在此基础上，课题组自主开发了"智能垃圾收集"微信小程序，利用物联网平台构建一个用户信息终端，有效地推动清洁直运模式的运行。

（2）垃圾收集点（线路）查询功能介绍

传统的垃圾转运模式下，相关环境工作人员不知道垃圾收运车辆实际到达时间，只能按预定时间提早将垃圾桶放到指定站点，由此造成垃圾桶外露时间过长的情况，不仅给市容市貌带来不利影响，更有可能带来二次污染的风险。

针对这一痛点，课题组通过GIS的接入，小程序可以通过一张图片来展示垃圾收集点、清洁直运车辆的收集情况、直运实时路线等静态和动态调度因素（图5-31~图5-34）。即使遇到交通事故、车辆损坏等意外情况，系统也能够实现应急指挥调度的功能并且通过小程序展示给公众，以达到"高效运作、快捷便民"的效果。另外，课题组在小程序中加入"垃圾收集点查询功能"，按照垃圾分类的四大类别设置对应收集点查询，用户可按照提示系统将不同种类的垃圾投放到相应收集点。

图5-31　小程序主界面

图5-32　垃圾分类查询界面

图5-33　附近收集点查询

图5-34　车辆运行状态查询

（3）垃圾分类小课堂功能介绍

小程序内置了"垃圾分类小课堂"这一科普性栏目，用户可通过这一栏目快速查找相关垃圾分类的信息（图5-35、图5-36），快速了解最新分类要求，避免错误投放。

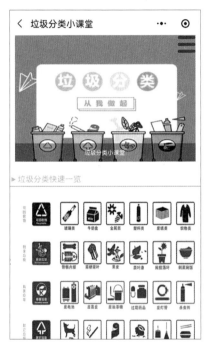

图5-35　垃圾类别介绍

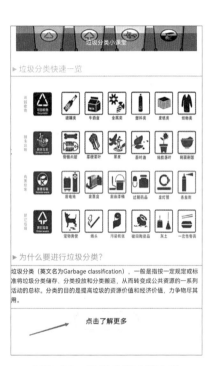

图5-36　垃圾分类政策宣讲

（4）积分评优兑奖功能介绍

小程序第三部分功能为"积分评优兑奖"栏目，按照深圳市政府垃圾分类奖励政策，该栏目的首页公开展示本地区的"垃圾分类先进小区"和"垃圾分类先进家庭"，对于垃圾分类工作突出的小区和家庭进行公开表彰、积分奖励等形式（图5-37、图5-38）。

（5）关于前海直运栏目

为有效宣传垃圾直运，小程序设计了前海垃圾清洁直运项目的宣传介绍窗口，系统介绍了前海垃圾分类清洁直运项目的六大特点。在进入首页之后，用户可以拖动查看前海地区的基本情况、前海地区分类清洁直运的背景、概念和最终目标（图5-39、图5-40）。通过浏览这一栏目，用户能够对直运项目有更多和更深层次的了解，从而达到宣传推广的目的。

图5-37　兑换奖品选择

图5-38　获奖名单公示

图5-39　前海片区简介

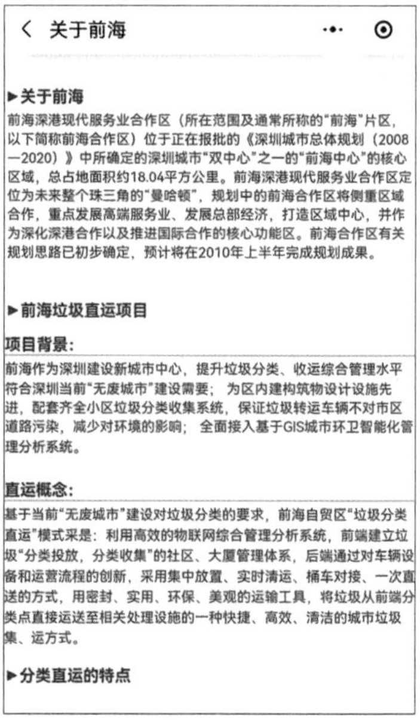

图5-40　垃圾直运项目简介

3. 其他优化建议

（1）基于GIS系统排除无效集置备选点

利用ArcGIS10软件解决研究区集置点布点优化问题[22]。第一，对收集到的空间环境资料进行数据矢量化，将矢量化生成的文件转存入GIS系统空间网络数据库。第二，对网络数据库进行拓扑除错，保证网络分析功能的正常使用。第三，对矢量化处理后的研究区环境地理信息数据，包括居民区、农田、河流、水域、水源地等进行缓冲分析，即在这些敏感目标周围禁止设定集置点，从而进一步排除无效备选点。

（2）充分考虑居民意愿布设垃圾站点

集置点布设不仅仅需要考虑科学性，也需要体现人性化。在基于GIS手段初步选定集置点位置后，政府和服务提供商应积极与居民协商讨论，确定最终集置点位置和数量。知民情、顺民意，居民自主落实垃圾分类投放的积极性会更高，也更有利于垃圾直运模式的推广实施。

5.4
总结和建议

通过本课题研究和分析，得出以下结论：

（1）垃圾直运模式可以提高垃圾收运的效率，强化城市环境保护工作，有效提升城市市容市貌。因而，前海垃圾直运项目的实施对于改进和完善前海地区固废管理成效具有重大意义。

（2）通过龙海家园、前海湾花园、左岸花园和灯芯巷社区等生活小区的实地调研，以及到深能环保与杭州环境的交流学习，课题组认为前海片区实施垃圾直运模式具有必要性和可行性。

（3）通过实施条件、项目周期、成本要素等分析，计算出前海片区垃圾直运运行成本约为136.36元/t。

（4）通过两种不同类型路径优化算法（遗传算法、蚁群算法）的分析研究，提出了垃圾直运方案的最短路径，为前海垃圾收运车辆精准调度提供了保证。

因课程时间受限和课题组前期基础较为薄弱，本课题仍存在许多不足，有待后续研究完善，主要体现在以下两点：

（1）本课题着重考虑前海自贸区桂湾片区的垃圾直运行为，实际情况不一定能代表整个前海自贸区情况。

（2）成本测算主要参考资料由"杭州环境"提供，可能与深圳实际情况不符。

（3）路径优化算法中提出了众多的假设条件，建立了简化的算法模型，但在实际应用过程中情景一般更为复杂，因此模型需要后续进一步优化。例如没有考虑收运时间以及收运点垃圾动态化增长情况；遗传算法使用无向图遍历，默认两收运点往返路程相同。

5.5 导师点评

前海自贸区作为深圳未来的双中心之一，被定义为粤港澳大湾区的"曼哈顿"。因此，建设富饶、先进、美丽的前海成为深圳市当前发展的重要目标。从环境工作者的视角来看，这一目标的实现离不开清洁高效的垃圾收运方案。前海垃圾直运项目涵盖了垃圾收集清运过程中的分类收集、清洁直运、末端处理等环节，利用物联网、5G等技术手段实现对传统垃圾转运方案的革新，以此为美丽的前海建设做出贡献。

本研究报告很好地结合了研究对象的实际情况，不仅对前海各大重点区域进行了现场调研，获取了一手数据，还积极联系了在垃圾直运领域具有丰富实践经验的杭州环保集团，进行了深入的交流学习。课题也结合深圳实际情况进行了创新探索，提出路径优化算法、微信小程序开发等，令我们眼前一亮。当然，因为学生前期的知识储备相对较弱，课题成果不可避免存在一些不足之处。例如成本测算过程中未考虑时间因素来计算未来成本的现值；路径优化模型仅考虑点位间路径，没有考虑道路通行状况等因素。

总体而言，本报告对于深圳市乃至我国生活垃圾管理模式的探索和优化具有一定借鉴意义。

5.6 | 学生感悟

首先感谢创新设计课程授课老师胡清，她注重教学创新，使得我们可以在毕业前真真正正参与到实际的课题项目当中，受益匪浅。然后感谢指导老师王宏，是他严谨细致、循循善诱给予我们方向与鼓励，感谢助教许盛彬与童立志博士，是他们细心指导，从始至终，一步一步指导我们把项目推进。最后感谢校外指导老师钟日钢博士和他所工作的深圳市能源环保有限公司以及"杭州环境"，在我们迷茫的时候，可以给我们提供实际的建议与意见，能让我们可以将理论与实际结合，融入社会这一个大课题当中去。

本课题不仅仅是单纯的科学问题研究，更多的是结合实际情况的规划和管理问题。课题实施过程中遇到了诸多的问题和挑战，但是通过团队的力量和各位老师的指导，我们都一一解决，取得了满意的成果。无论是前期的资料调研、实地的现场考察、企业的请教学习，还是后期的数据模型分析和成果总结，我们有迷惑、有争吵，有欢笑、有合作，但最终我们都团结一致，圆满完成了课题任务。这也让我们意识到，现实生活中的许多问题和困难都可以通过不断的探索和努力，寻找到一个合适的解决思路和方案。纸上得来终觉浅，绝知此事要躬行。希望通过这次的课程学习，一方面可以为城市固废垃圾管理机制提出可以借鉴的思路，另一方面也希望我们能够在踏实谦虚中不断求索成长。

本章参考文献

［1］Zhang D Q，Tan S K，Gersberg R M. Municipal solid waste management in China：Status，problems and challenges［J］. J Environ Manage，2010，91（8）：1623-1633.

［2］王凤毓，范钰彬，赵新月，等. 发达国家的垃圾分类管理体系对我国生态文明城市建设的影响［J］. 环境与发展，2019，31（7）：230-231.

［3］李亚惠. 城市生活垃圾分类回收的问题及对策探究［J］. 资源节约与环保，2019（3）：56.

［4］Ma J Y，Zhan J Y，Zhang Y J. Municipal Solid Waste Management Practice in China?—A Case Study in Hangzhou［J］. Adv Mater Res，2014，878：23-29.

［5］宫渤海，庞立习，宋霁，等. 生活垃圾收运体系现状调研分析及发展思路［J］. 建设科技，2014（24）：88-90.

［6］Pu Dongdong，Xu Changyong，Guo Renhong.生活垃圾绿色收运"漳州模式"［J］. 环境卫生工程，2019，27（3）：27-30.

［7］唐素琴，余波，胡利华，等. 浅析杭州市生活垃圾清洁直运模式［J］. 环境卫生工程，2015，23（1）：63-64，68.

［8］田小虎. 中心城区垃圾直运模式将试推行源头避免二次污染［EB/OL］. 株洲：株洲传媒网，2012-11-08［2020-6-19］. http://www.zzbtv.com/news/2012-11/08/cms53923article.shtml.

［9］匿名. 金水区破解生活垃圾收运难题 启动定点直运模式［EB/OL］. 腾讯大豫网，2015-05-10［2020-6-19］. https://henan.qq.com/a/20150510/027828.htm.

［10］崔帅. 廊坊市推行"垃圾直运"新模式 逐步取代老式垃圾大箱［EB/OL］. 廊坊：廊坊都市报，2018-08-08［2020-6-19］. http://lf.hebei.com.cn/system/2018/08/08/019016581.shtml.

［11］马小婷，庞凯燕，何子达，等. 厦门城市生活垃圾分类的研究和建议［J］. 中国市场，2018（29）：35-37.

［12］欧嘉福，胡瀛斌. 广州正式启动首辆垃圾分类主题有轨电车［J］. 广东交通，2019（6）：34-35.

［13］颜安生. 以超前眼光建设前海口岸［N］. 深圳特区报，2014-09-03（T03）.

［14］Amal L，Son L H，Chabchoub H.SGA：spatial GIS-based genetic algorithm for route optimization of municipal solid waste collection［J］. Environ Sci Pollut Res，2018：1-14.

［15］Zhao F，Zeng X.Simulated Annealing-Genetic Algorithm for Transit Network Optimization［J］. J Comput Civil Eeg，2006，20（1）：57-68.

［16］Zhang Y，Pei Z L，Yang J H，et al. An Improved Ant Colony Optimization Algorithm Based on Route Optimization and Its Applications in Travelling Salesman Problem ［C］ IEEE International Conference on Bioinformatics & Bioengineering.IEEE，2007.

［17］佟瑞. 基于众包模式的外卖配送路径优化研究［D］. 西安：西安理工大学经济与管理学院，2019.

［18］王文东，武海妮. 求解0-1背包问题的算法分析［J］. 信息与电脑（理论版），2018（9）：68-70.

［19］邓有为，杨永建，彭志颖，等. 物种生灭算法的改进策略［J］. 计算机工程与应用，2019，55（3）：55-60.

［20］冯肖雪，潘峰，梁彦，等. 群集智能优化算法及应用［M］. 北京：科学出版社，2018.

［21］徐显. 基于蚁群算法的路径规划问题研究［D］. 南京：东南大学自动化学院，2018.

［22］李元忠. 村庄垃圾收集设施选址及配置研究［D］. 桂林：广西大学土木建筑工程学院，2016.

第 6 章

涉 VOCs 污染源过程工况监控及可视化数据平台开发项目

6.1 课题背景

6.1.1 VOCs简述

1. VOCs的危害

世界卫生组织（WHO）对VOCs（Volatile Organic Compounds，挥发性有机物）的定义为熔点低于室温而沸点在50~260℃的挥发性有机化合物的总称。美国国家环境保护局（USEPA）对VOCs的定义是除了一氧化碳、二氧化碳、碳酸、金属碳化物、碳酸盐以及碳酸铵外，任何参与大气中光化学反应的含碳化合物[1]。

VOCs是产生近地表臭氧和二次有机气溶胶（SOAs）等二次污染物的重要前体物质[2]。除了平流层输入，近地臭氧污染大部分是由人为源排放的氮氧化物（NO_x）和VOCs等在高温、强光照条件下发生光化学反应二次转化而成的[3]。

VOCs污染具有发生频次高、污染涉及区域面积大以及持续时间长等特点，对人体健康和大气环境健康都有不容忽视的负面影响。VOCs包括一定量的乙烯、丙烯等化合物，这些化合物是石化工业生产的基本单体，且在生产中被广泛应用。尽管这些化合物的毒性较低，对人体伤害较轻，但是这些化合物属于易燃易爆类，容易发生火灾隐患。VOCs在室外太阳光和热的作用下能与氧化氮反应并形成臭氧，臭氧导致空气质量变差并且是夏季雾霾的主要组分。VOCs在室内对人体的影响可分为三种类型：一是气味和感官，包括刺激感官，感觉干燥；二是黏膜刺激和其他系统毒性导致的病态，包括刺激眼黏膜、鼻黏膜、呼吸道和皮肤等，此外VOCs很容易通过血液-大脑的障碍，从而导致中枢神经系统受到抑制，使人头痛、乏力、昏昏欲睡；三是其基因毒性和致癌性[4]。

随着我国经济的快速发展，化石燃料使用、城市机动车的爆发性增长，产生了一系列大气环境的污染问题。其中，以臭氧和PM2.5（Fine Particulate Matter 2.5，细颗粒物）为主要污染物的复合型污染已成为现阶段我国面临的首

第6章
涉 VOCs 污染源过程工况监控及
可视化数据平台开发项目

第7章
基于循环经济理论的锂电池全产
业链分析项目

第8章
宝安区工业用地对周边民生项目
环境影响调查研究

第9章
基于共享单车的PM2.5
移动监测研究

要污染问题。在深圳，臭氧污染的防治已经迫在眉睫。从图6-1可以看出，从有数据统计的2013年开始，深圳市的臭氧污染负荷系数连年升高，到2016年，甚至取代了PM2.5成为深圳市空气中的首要污染物。而从图6-2中可知，工业过程源和有机溶剂使用成为深圳两大最主要的VOCs污染来源。目前，深圳市纳入污染物普查统计的企业共计99225家，居广东省第二，平均每平方公里有48.4家企业，为广东省之最，工业VOCs排放量约为70522t，占广东省第三。据此，可计算出深圳市每平方公里工业VOCs排放量为34.4t，是广东省之最[5]。因而作为臭氧最重要的前体物之一，为了防治臭氧污染，VOCs污染的治理更是刻不容缓。

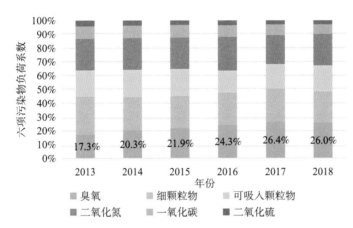

图6-1 2013~2018年深圳市环境空气六项污染物负荷系数

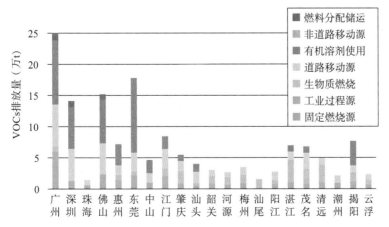

图6-2 广东多个城市典型VOCs排放来源图[6]

2. 工业VOCs排放

工业VOCs的排放量占比超过全部VOCs排放量的50%[7]，具有污染物数量多、排放量大的特点，管控工业VOCs排放对减少近地臭氧污染有重要意义。

工业VOCs排放源分布于各行各业，主要来源于油品炼制、印刷和涂漆。现阶段，我国已经针对有机化工、石油化工、印刷行业、包装及涂装等工业生产中的VOCs采取治理措施。在上述提到的排放VOCs行业中以石油化工行业的排放量占据较大比重，需要加强对其工业VOCs排放总量和质量的控制；同时，在码头油库（原油、成品油）和加油站等开展油气回收治理等工作，避免工业VOCs排放到环境中对周围环境造成污染；此外，为了实现对工业VOCs的有效控制，减少工业VOCs的排放量，需要相关部门加强对低苯溶剂、水性涂料的推广和应用，保护生态环境[8]。

6.1.2　思路探索

1. 项目初探

为评价涉VOCs企业的VOCs污染控制效果、管理企业的污染控制过程、监管污染控制执行情况，深圳某环保高新企业（以下简称为环保公司）研发了针对深圳市300家涉VOCs企业的废弃排放过程工况监控系统。在课题开展初期，小组成员与环保公司进行了深入交流，就课题切入点、企业需求、研究方法等问题展开了热烈的讨论（图6-3）。由于项目工期与课程周期存在冲突，无法在课时内获取大量有效数据，因此小组淡化了工况监控大数据分析的任务，把重点放在了前期调研与系统开发上，初步敲定了两点研究内容：第一，系统梳理不同企业涉VOCs的生产、处理、排放等主要工序环节；第二，开发工况监控移动端小程序。

VOCs污染治理错综复杂，需要对VOCs原辅料、生产、运输、转存多处排放源有详细了解。不同企业根据企业特性采取针对性的处理工艺。因此，利用环保公司现有资源，结合项目小组实地调研，了解不同企业生产特点与VOCs综合处理特点，系统梳理不同企业VOCs的生产、处理、排放等主要环节和工序，有助于更好分析深圳目前涉VOCs污染企业的生产及处理存在的问题。受监控设备

图6-3　小组全体成员与合作企业进行交流（杨梦曦摄）

安装调试进度限制，项目小组在课程周期内无法获取足量的数据，支撑整体数据分析和预警系统搭建，因此，结合项目需求与现实条件，决定开发工况监控移动端小程序，能给监控系统的运营维护带来便捷的同时，学生的学习能力也能够得到提升。

2．思路调整

随着项目逐渐开展，小组成员在实践中发现了几类问题：第一，VOCs生产、处理监控设备的安装信息点与具体工艺流程线存在差异，同时考察组工勘因人员和时间安排限制，以及不同企业存在的各式各样的问题，只完成了23家企业的考察，不足以系统地总结深圳涉VOCs污染企业的设备运行；第二，监控平台涉及多家工厂原始数据的保密协议，难以集成各个企业的数据进行展示。遵循着创新设计课程"创新"与"环保"的理念，项目小组通过与校内外导师积极交流，对研究目标进行了进一步的调整。例如，增加了参与学习深圳大型企业的监控设备安装与调试的考察计划，了解基于多条生产线下监控设备安装点设置的特点，同时对10月份工况整合数据进行综合分析，按照行业、规模等维度分析企业正常生产线及处理线的对应关系；第三，综合了环保公司导师给出的"以生产流程的动态监督管理为核心"的建议与胡清老师在开课报告时介绍的"将环保的可实施性着眼在前端防控和与大数据等新型方法结合"的理念，决定基于数据可视化，搭建针对特定企业的可视化大屏，多元化展示生产、处理、排放等流程在不同时间段内的用电量情况，并进行违规预警。

6.1.3　课题意义

1. 监测需求

根据2018年国务院印发的《打赢蓝天保卫战三年行动计划》，政府要求加强有组织排放VOCs在线监测系统的建设。到2017年年底前，石化企业应安装VOCs在线连续监测系统，厂界应安装VOCs监测设施，并与环保部门联网；"十三五"期间，化工等VOCs重点排放行业应安装在线监测设施；工业园区应结合园区排放特征，配置自动触发式VOCs连续自动采样/监测系统。

2. 治理需求

国务院2013年发布的《大气污染防治行动计划》（国发〔2013〕37号）、工业和信息化部、财政部于2016年联合发布的《重点行业挥发性有机物削减行动计划》（工信部联节〔2016〕217号）等政策要求通过采取源头削减、过程控制、末端治理的全过程防控措施进行治理，具体包括原料替代、工艺技术改造、回收和综合治理工程（催化燃烧、蓄热燃烧、吸附、生物法、冷凝收集净化、电子焚烧、臭氧氧化除臭、等离子处理、光催化等技术）。根据生态环境部的统计，我国VOCs排放量约3100万t，"十三五"期间需削减10%以上，其中50%采用前端源头削减和过程控制，50%采用末端治理[9]。

为满足工业VOCs污染的监测需求与治理需求，建设完整的控制与管理系统，深圳市相继出台了一系列关于VOCs污染的针对性行动计划。我国的大气污染控制，已经从过去的粗放式末端控制转向了以预防为主的源头控制的精细化管理阶段。基于这一理念，本次合作的环保公司开展了企业VOCs污染管理控制服务项目。此项目主要依托于工况监控，即对生产设备的工作状态进行监控。相较于污染源的在线监测、现场巡查和网格化监测等传统监测手段，VOCs工况监控的主要优势在于：成本低，可应用到所有大中型企业；可辅助评估污染排放数据的真实性，准确分析偷漏排；可实时监测及时发现问题；提升对污染源企业的精细化管理，一企一档；可溯源企业污染治理问题点，为企业提供节能减排建议。

第 6 章

涉 VOCs 污染源过程工况监控及
可视化数据平台开发项目

第 7 章

基于循环经济理论的锂电池全产
业链分析项目

第 8 章

宝安区工业用地对周边民生项目
环境影响调查研究

第 9 章

基于共享单车的 PM2.5
移动监测研究

基于上述VOCs监测需求和治理需求的背景，本课题系统总结了不同类型
企业的生产工艺特点，开发了能够实时反映设备运行状况的网页平台，为工业
VOCs的精细化管控提供了重要的理论支撑与技术支撑。

6.2 课题研究方法

为保证课题高效有序地开展，项目组根据小组成员的特长与时间安排，将小
组成员分为企业考察组、平台开发组及文案撰写组三个小团队。

6.2.1　企业考察组研究计划

项目前期，小组成员跟随环保公司的工程师赴企业进行实地考察，考察内容
包括了解企业的工艺流程与生产情况，并确定是否需要安装VOCs处理监控设备
以及安装的点位。企业考察的目的是系统梳理不同企业VOCs的生产、处理、排
放等主要环节的特征。项目中期，小组成员将参与学习典型VOCs行业的监控设
备安装与调试，了解基于多条生产线下监控设备安装点设置的特点。项目后期，
对工况整合数据进行综合分析，按照行业、规模等维度分析企业正常生产线及处
理线的对应关系。

6.2.2　平台开发组研究计划

1．功能设计

网页平台是以大屏为主要展示载体的数据可视化设计，预期实现的功能包括
信息展示、数据分析及监控预警，其详细功能设计如图6-4所示。

2．企业对象选择

本组重点考虑企业规模与实施难度两个因素，从环保公司提供的已完善安

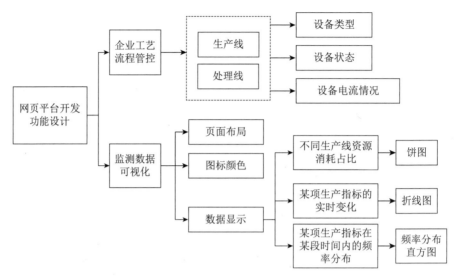

图6-4 网页平台开发功能设计

装设备的企业中筛选出4家备选中型企业。对于大型企业，由于其生产线、处理线等规模较大，虽然会得到较多的数据，便于本组制作规模可观、内容丰富的数据可视化平台，但对学生的编程水平要求较高；而若选择较小型企业，则相关数据较少，需要更多设计上的思考。综合以上两点原因，本组一致决定选择一家中等规模的企业作为研究对象（图6-5）。这样既能避免由于数据匮乏而不利于做可视化平台的缺点，又能够在较大程度上锻炼小组成员的相应能力，将小组成员所掌握的环境科学与工程专业知识与HTML网页设计以及数据获取显示等编程相关技能进行跨学科结合，提高创新性。

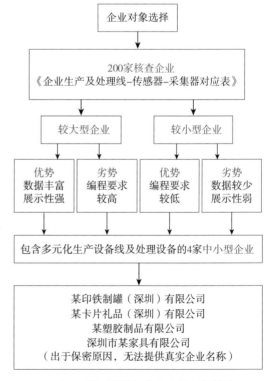

图6-5 可视化大屏企业对象筛选

3．编程语言学习

如图6-6~图6-8所示，学生们进行了编程语言学习。

（1）通过网上教程学习了基本的HTML语言，展开可视化大屏结构框架的搭建。

（2）ECharts网站可将用于统计的饼图、散点图、折线图、柱状图等通过动态的形式展现，本组主要应用Echarts统计设计空间数据可视化图表对企业监控设备数据进行整理，动态展现选定企业的总体生产、处理设备电量使用情况。

（a）   （b）

图6-6　开发大屏学习过程

（a）HTML编程基础学习；（b）Echarts动态图标设计学习

2.1 创建一个ajax 请求，用于获取 user.json 文件的内容

按 Ctrl+C 复制代码

```
<!DOCTYPE html>
<html lang="en">
<head>
    <meta charset="UTF-8">
    <title>Document</title>
    <script>
        window.onload = function() {
            var Obtn = document.querySelector('input');
            Obtn.onclick = function() {
                // 创建一个XMLHttpRequest 对象,这是ajax请求的核心;这里采用一个三元选择,是为了兼容ie6/ie5
                // 在ie6/ie5中,使用new ActiveXObject('Microsoft.XMLHTTP')创建XMLHttpRequest对象
                var xhr = window.XMLHttpRequest ? new XMLHttpRequest : new XMLHttpRequest('Microsoft.XMLHTTP');
                // 获取ajax请求地址,在地址后面加入一个随机数,是为了解决ie浏览器的识别问题,ie浏览器相同的请求地址,不会再次进行请求.
                // 加入一个随机数之后,再次请求时,ie会解析为不同的地址
                var url = 'user.json?tid=' + Math.random();
                // 对请求的状态进行监控
                // 0 -- 未初始化,确认XMLHttpRequest 对象已经创建,并调用open()方法初始化准备
                // 1-- 载入,对XMLHttpRequest 对象进行初始化,即调用open()方法,根据参数(method,url,true)完成对象状态的设置,并调用send()方法向服务器端发送
                请求,1表示正在向服务器端发送请求
                // 2--载入完成,收到服务器的相应数据,但是只是原始数据,不能直接在客户端使用.值为2表示已接收收全部相应数据,并为下一阶段解析做好准备
                // 3--交互数据,解析相应数据,即根据服务器端响应头部返回的MIME类型把数据转换成能通过 responseBody,responseText,responseXML属性存取的格式,为在
                客户端调用做好准备.
                // 值为3表示正在解析数据
                // 4--完成,此阶段确认全部数据都已经解析为可以在客户端使用的数据,解析已经完成.值为4表示解析完成,可以通过XMLHttpRequest对象对应的属性获取数
                据
                xhr.onreadystatechange = function() {
                    if (xhr.readyState == 4) {
                        // 将XMLHttpRequest返回的数据转换成为json格式 (因为返回来的是一个字符串)
                        var obj = JSON.parse(xhr.responseText);
                        var str = '';
                        // 遍历obj
```

图6-7　AJAX数据获取代码编译学习示例

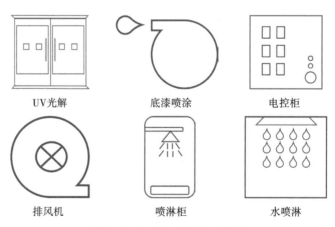

（a）　　　　　　　　　　　　　（b）

图6-8　开发大屏编译过程示例

（a）HTML渲染示例；（b）数据收集处理最终返回数据给前台页面

（3）AJAX是一种用于创建快速动态网页的技术。通过在后台与服务器进行少量数据交换，AJAX可以使网页实现异步更新。这意味着可以在不重新加载整个网页的情况下，对网页的某部分进行更新。而通过该技术从环保公司提供的实时监测数据接口中提取有效数据是实现可视化大屏设计的重要一步。

（4）最后，将AJAX请求获取的数据通过jquery中的append、prepend、after等方法插入到页面中，进行渲染。

4．可视化大屏的UI设计

综合考虑简洁性、代表性与美观性，绘制了可视化大屏中6项主要工业设备的UserInterface（UI，界面设计）（图6-9）。

UV光解　　　　　　　底漆喷涂　　　　　　　电控柜

排风机　　　　　　　喷淋柜　　　　　　　水喷淋

图6-9　可视化大屏的UI设计

第 6 章
涉 VOCs 污染源过程工况监控及
可视化数据平台开发项目

第 7 章
基于循环经济理论的锂电池企产
业链分析项目

第 8 章
宝安区工业用地对周边民生项目
环境影响研究

第 9 章
基于共享单车的 PM2.5
移动监测研究

6.3 结果与讨论

6.3.1 企业考察结果

1. 涉VOCs排放企业的收集治理技术总结

在企业中，含VOCs废气的收集技术主要包括集气罩收集、密闭风管收集、车间整体环境抽风、风管开口收集和水帘柜收集等。水帘柜收集不仅可以对前端废气进行收集，水帘柜喷淋还具有一定的溶解处理废气的功能，多用于喷漆工序。

（1）**集气罩收集**

集气罩收集法多用于密闭设备内部不允许有微负压存在或污染物发生在污染源表面上的场合。将污染源的局部密闭起来，在罩内保持一定负压，可防止污染物的任意扩散。其设置较为灵活，仅需在设备的外露部位上部设置，收集效果较好，且方便检修。

（2）**密闭风管收集**

密闭风管收集法通过收集风管与产气设备密封相连，将污染源密闭起来，在收集风管内保持一定负压，可将设备产生的气体直接引导到指定的位置，防止污染物的任意扩散。其所需排风量较小，控制效果最好，且不受室内气流干扰。

（3）**车间整体环境抽风**

车间整体环境抽风法多用于车间内设备较多、分布较广，不方便直接在设备上安装集气装置的情形，可在车间内墙处设置排风装置，将废气引导至处理系统。其适用于单机产废浓度较低的情况，若单机浓度较高或抽气系统风力不足，容易导致废气聚集，不利于人体健康。

（4）**风管开口收集**

风管开口收集法主要用于手动喷漆线的废气收集，工人手动喷漆作业位于支风管侧面开口处，通过风机的抽风将废气收集进入主管，再进入废气处理设施处

123

理。该收集方式由于作业工位较多，需要较大的风机风量。

（5）冷凝回收

冷凝回收法利用不同温度下有机物质的饱和度不同这一特点，通过降低或提高系统压力，把处于蒸汽环境中的有机物质通过冷凝方式提取出来。冷凝提取后，有机废气便可得到较高程度的净化。

（6）喷淋吸收

喷淋吸收法采用气液逆向吸收方式处理，即液体自塔顶向下以雾状（或小液滴）喷洒而下，而废气则由塔底向上（逆向流）达到气液接触之目的。此处理方式可冷却废气、去除颗粒及净化气体。

（7）活性炭吸附

活性炭吸附法的基本原理是利用界面现象，也就是一种物质在另一种物质表面附着的缓慢作用过程，该过程不发生化学反应。活性炭具有疏松多孔的结构，且化学性质比较稳定，比表面积大，吸附性能强，但活性炭容易饱和，需要定期更换。

（8）蓄热式热力燃烧（RTO）

RTO法的原理是将有机废气（VOCs）加热到760℃以上，使废气中的VOCs氧化分解成 CO_2 和 H_2O，氧化产生的高温气体采用蜂窝陶瓷蓄热体进行能量储存，并用来预热后续进入的有机废气。当废气中VOCs浓度到达一定值时，系统可不消耗额外燃料而维持反应的自平衡。

（9）蓄热式催化燃烧（RCO）

RCO法设置一定容量贵金属（钯、铂等）的催化剂来降低VOCs分子的活化能，可以较低的温度达到更高的有机废气去除效率，同时反应产生的热量通过蜂窝陶瓷蓄热体进行存储并加热后续进入的废气，以维持反应的自平衡。

（10）沸石转轮浓缩+RTO

采用沸石转轮将中低浓度、中大风量的VOCs废气浓缩成较小风量、高浓度的废气，然后引入RTO进行高温氧化，氧化后产生的一部分能量用于再生沸石转轮，另一部分用于维持RTO反应的自平衡。

（11）催化燃烧（CO）

催化燃烧法主要根据多孔活性炭的吸附性能和活性炭在高温状态下所表现出的脱附性质而将有机物分别吸附和脱附，脱附后的有机物进入催化炉在

第 6 章

涉 VOCs 污染源过程工况监控及
可视化数据平台开发项目

第 7 章

基于循环经济理论的铅电池全产
业链分析场目

第 8 章

宝安区工业用地对周边居生项目
环境影响调查研究

第 9 章

基于共享单车的PM2.5
移动监测研究

300~400℃进行催化燃烧从而将有机物转化为水和二氧化碳。

（12）生物处理

生物法VOCs处理技术是利用专属微生物的生物化学作用，使污染物分解，转化为无害的无机物。专属微生物利用有机物作为其生长繁殖所需的基质，通过物理、化学、生物过程将大分子或结构复杂的有机物最终氧化分解为简单的水、二氧化碳等无机物，同时在此过程中产生的能量使专属微生物的生物体得到增长繁殖，进一步对有机物进行处理，形成周而复始的循环处理过程。污染物去除的实质是有机污染物作为营养物质被专属微生物吸收、代谢及利用。

2．参与现场核查企业的基本信息（23家）

小组成员通过实地走访，现场调研了23家核查企业，了解了其地区分布、生产类型、设备安装处理情况（表6-1和表6-2），并归纳总结了重点行业的主要工艺流程，结合实际进行了监测管理的思考。

已考察企业地区分布与生产类型统计 表6-1

企业	数目		业务类型	数目	
所在地区	数量	百分比（%）		数量	百分比（%）
光明区	6	26	印刷包装	7	30
龙岗区	9	39	线路板及电子产品制造	8	35
坪山区	8	35	实物制造	8	35
总计	23	100	总计	23	100

已考察企业监控安装及尾气收集处理情况统计 表6-2

是否安装监控	数目		VOCs收集处理情况	数目	
	数量	百分比（%）		数量	百分比（%）
是	11	48	完整的处理排放设备	10	44
否	8	35	无尾气处理	7	30
不确定	4	17	无VOCs排放	2	9
—	—	—	有设备未启用等其他情况	4	17

3．企业考察总结

自2019年9月开题来，两个月的时间里，小组成员跟随环保公司考察了包括深圳龙岗区、坪山区、光明区等片区的23家不同类型的企业。这23家企业按照生产类型主要可分为印刷包装类、线路板及电子产品制造类、实物制造类。其中印刷包装类主要涉VOCs排放工艺流程有印刷、成像、制版以及印后加工，在生产过程中所用的溶剂主要是芳香烃类、酯类、酮类、醚类等有机溶剂，这些溶剂大都具有挥发性；线路板及电子产品制造类主要涉VOCs排放工艺流程有涂布、烘烤、丝印、印刷等，主要排放种类有甲醛、醇类、酮类、苯衍生物等；实物制造类主要涉VOCs排放工艺流程有注塑、喷漆、喷油等，主要VOCs污染物来源为生产中使用的有机溶剂，包括烷烃、烯烃、芳香烃、醛类、卤代烃等。

大多数走访企业的生产车间都会统一安装气体收集装置，以保障工作环境。从规模上而言，规模较小的企业由于体量小、排放少，达不到必须处理尾气的标准线，因此废气收集后大多缺少处理环节，直接排放；规模较大的企业，排放量大，通常会在厂房楼顶安装统一的尾气处理装置，处理达标后排放。

各企业在生产过程中，由于要综合考虑到成本、能耗、效率及安全，因此多数企业主要采用水喷淋吸收、活性炭吸附和UV光解三种处理工艺。此外，不少企业还会根据其废气成分，采用了多种技术的组合工艺。

综合参与核查的23家企业与环保公司核查的其他企业的VOCs排污数据后，小组成员发现，很大一部分企业排放的废气即使不经过处理，也符合广东省生态环境厅公布的相关行业VOCs排放标准[10]。但是符合标准的废气排放仍然会影响深圳市的空气环境质量，而企业处理设施的正常开启运行却能有效减少VOCs的排放，因此VOCs前端监控将是VOCs污染控制的重要举措。

4．涉VOCs排放企业的主要工艺流程

汇总考察组的实地考察结果，我们将筛选出的企业根据产品类型，分为印刷、塑胶、五金、电子、家具、其他六类。前五类各选取一家有代表性的企业，整理了其主要生产工艺流程如图6-10~图6-12所示，图中用深黄色标注的为涉VOCs的工序。

通过梳理典型企业的工艺流程，可以明确掌握工业VOCs的主要产生环节，从而进行更精准有效的监控。

第 6 章

涉 VOCs 污染源过程工况监控及
可视化数据平台开发项目

第 7 章

基于循环经济理论的锂电池全产
业链分析项目

第 8 章

宝安区工业用地对居民生活的
环境影响调查研究

第 9 章

基于共享单车的PM2.5
移动监测研究

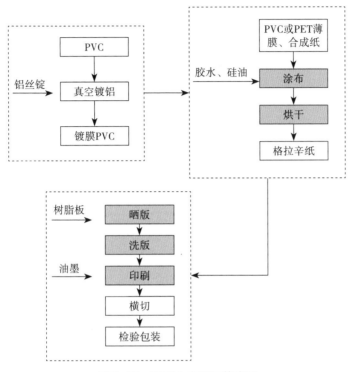

图6-10　印刷业主要工艺流程

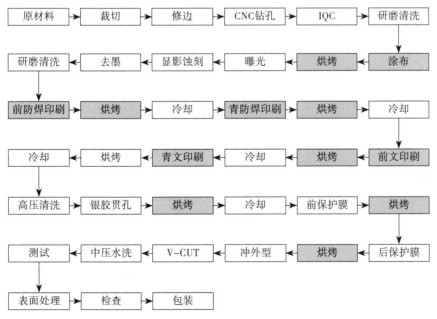

图6-11　电子业主要工艺流程

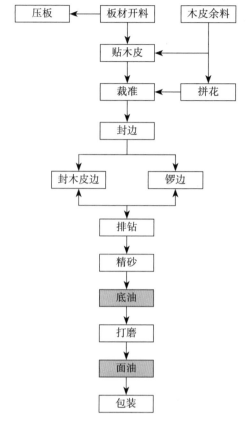

图6-12　家具业主要工艺流程

5. 涉VOCs企业数据统计（216家）

将收集的216家涉VOCs的企业进行了分类整理，具体信息可见表6-3。

涉VOCs企业行业类型　　　　　　　　　　　　　　表6-3

行业	数目		行业	数目	
	数量	百分比（%）		数量	百分比（%）
印刷	38	17	电子	64	30
塑胶	51	24	家具	19	9
五金	22	10	其他	22	10
总计				216	

第 6 章

涉 VOCs 污染源过程工况监控及
可视化数据平台开发项目

第 7 章

基于循环经济理论的锂电池全产
业链分析项目

第 8 章

宝安区工业用地对周边居民项目
环境影响调查研究

第 9 章

基于共享单车的PM2.5
移动监测研究

此后统计了其中五种主要行业的处理线与生产线对应情况，以及每一种类型
企业所使用的处理工艺，结果可见表6-4~表6-6及图6-14。

涉VOCs企业不同行业处理线与生产线对应情况　　表6-4

行业	总计	一条处理线对应多条生产线		一条处理线对应一条生产线		多条处理线对应一条生产线	
		数量	百分比（%）	数量	百分比（%）	数量	百分比（%）
印刷	38	27	71.1	5	13.2	6	15.8
塑胶	51	22	43.1	10	19.6	19	37.3
五金	22	6	27.3	9	40.9	7	31.9
电子	64	21	32.8	20	31.3	23	35.9
家具	19	8	42.1	3	15.8	8	42.1
其他	22	11	50	6	27.3	5	22.7
总计	216	95	—	54	—	68	—

涉VOCs企业不同规模处理线与生产线对应情况　　表6-5

处理线与生产线对应情况	5条以上生产线（大规模）		3~5条生产线（中规模）		1~2条生产线（小规模）	
	数量	百分比（%）	数量	百分比（%）	数量	百分比（%）
多对一	10	17.5	19	24	39	49
一对一	6	10.5	15	19	32	40
一对多	41	72	45	57	9	11
总计	57	100	79	100	80	100

涉VOCs企业不同行业处理设备　　表6-6

行业	印刷	塑胶	五金	电子	家具	其他	总数量
UV光解	24	31	10	39	5	7	116
治理风机	31	43	19	52	10	13	168
水喷淋	4	24	11	38	15	7	99
三种均有	1	6	3	18	1	1	30
总数量	60	104	43	147	31	28	413

6. 涉VOCs企业生产与尾气处理数据分析

总体而言，这216家涉VOCs的企业主要生产电子、塑胶和印刷产品，三类企业总数占到了总量的71%。

从规模上看，以5条及以下数量生产线的中小规模企业为主，占到了总企业数的74%。从处理线与生产线对应情况来看，大部分企业都采取一条处理线对应一条或多条生产线的"一对一""一对多"尾气处理形式，占总数的69%。从设备上看，企业使用最多的设备为"治理风机"，占78%，三种设备均有的企业占14%。

以企业规模细分，216家涉VOCs企业的五种典型行业的尾气处理方式中，一两条生产线的小规模企业有48.75%使用了多条处理线共同处理一条生产线的处理方式；当企业生产线数量增加3条或以上时，使用"多对一"处理方式企业比例骤降。考虑到成本等多方面因素，当企业生产线数量在3条或以上时，使用"一对多"，即一条处理线处理多条生产线废气的处理方式的企业比例超过50%。

以企业行业细分，216家涉VOCs企业的五种典型行业的尾气处理方式中，印刷行业的"一对多"处理方式占比最高，达到71%；家具行业"多对一"处理方式占比最高，达到42%。从尾气处理工艺上看，除了家具行业使用水喷淋技术比例最高以外，其余四种主要行业均以治理风机为主。而电子产品行业由于生产工艺最为复杂，尾气难以处理，因此使用三种方式的组合处理工艺比例最高，达到28%；家具、印刷行业的工艺相对简单，因此使用多方式的组合处理工艺比例较低。活性炭工艺由于无法通过设备电流情况直接监控，因此不在此次分析范围内。

从以上数据中可以看出，企业选择的尾气处理方式与处理工艺，与其生产产品类型、企业规模有一定关联。生产产品工艺越复杂的企业，由于其产生的尾气类型多样，其更偏向于选择多方式的组合处理工艺，且选择一条或多条处理线对应一条生产线的"一对一""多对一"方式比例较高。

规模越大的企业，考虑到成本问题，相比于小型企业，更多选择一条处理线对应多条生产线的"一对多"处理方式，节省成本的同时提高管理效率。

第 6 章

涉 VOCs 污染源过程工况监控及
可视化数据平台开发项目

第 7 章

基于循环经济理论的锂电池全产
业链分析项目

第 8 章

宝安区工业用电对周边民生项目
环境影响调查研究

第 9 章

基于共享单车的PM2.5
移动监测研究

6.3.2　平台开发结果

以深圳市某家具有限公司为例，搭建了如图6-13所示的可视化框架，概括了两条生产线及处理线的运行流程。在此结构上添加了如图6-14~图6-17所示的可视化代码功能模块，最终效果如图6-18所示。

1.代码实现

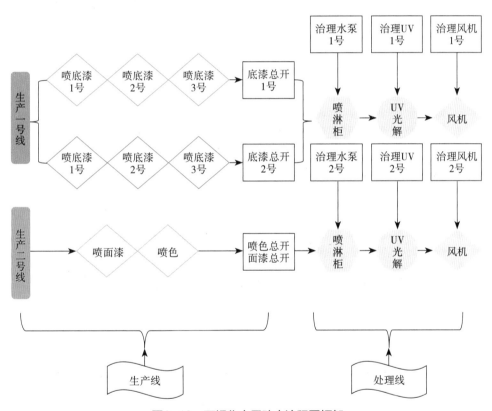

图6-13　可视化大屏动态流程图框架

131

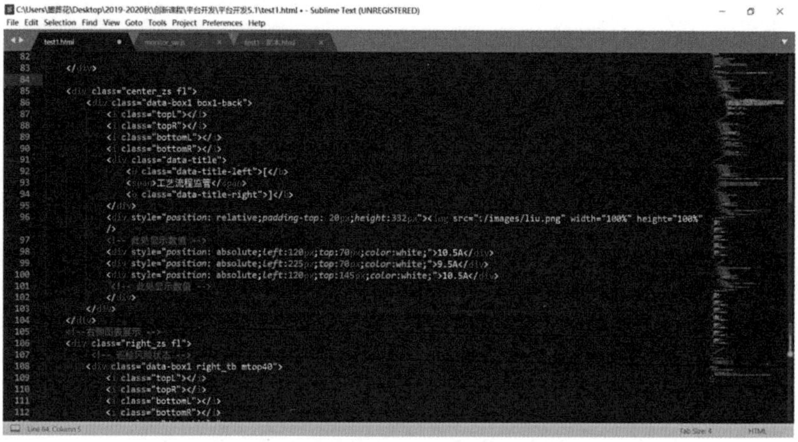

图6-14　企业工艺流程及实时电流显示代码实现

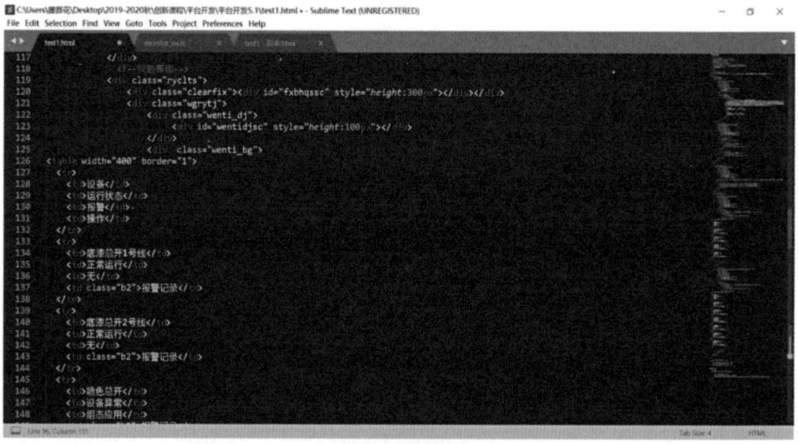

图6-15　预警图标显示代码实现

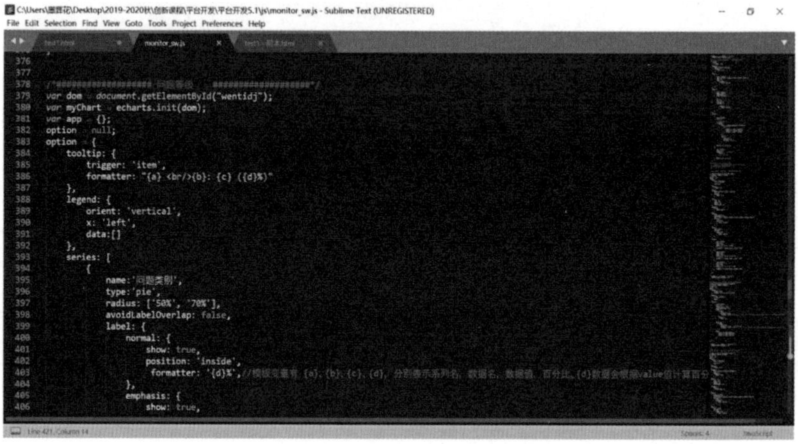

图6-16　生产/处理线动态饼图代码实现

图6-17　生产与处理设备电流统计折线图代码实现

2. 可视化大屏展示

图6-18为可视化大屏的概览，包含公司概览、工艺流程监管、生产线及处理线运行情况以及用电量统计四个主要模块。在图6-19所示的工艺流程监管模块中，可以清晰把握该公司生产线及处理线的主体操作流程。而在生产线及处理线的运行情况模块以及用电量统计模块（图6-20），可以实时定量掌握生产线及处理线的运行情况和资源占比。不仅能够实现点对点交互，还具有"设备停机""电流过高""电流过低"的预警功能。

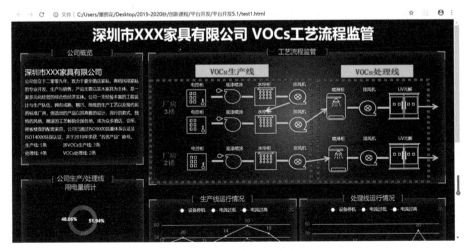

图6-18　选定企业的可视化大屏展示

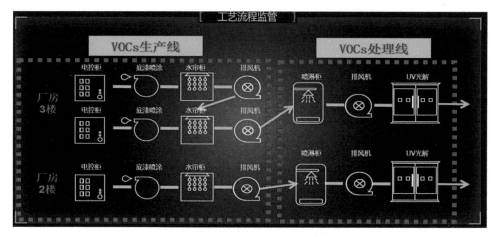

图6-19　选定企业的工艺流程图展示

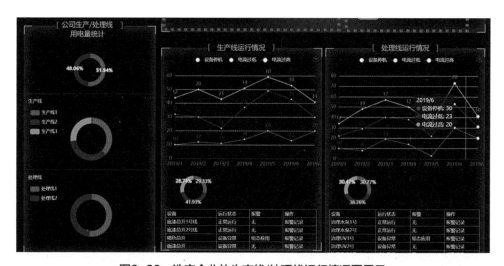

图6-20　选定企业的生产线/处理线运行情况图展示

6.3.3　创新点

本项目通过实地考察全面总结了不同类型企业涉VOCs污染的工艺特点，网页平台创新性地通过监测电流来反映企业对VOCs的处理情况。

此外，网页平台清晰地展示了设备各线路的运行状态，可直观掌握涉VOCs污染企业的生产流程，可进行精细化的各生产线用电量统计分析，并实现分级预警处理和实时更新功能。应用网页平台，企业可进行自我审查，实现生产、处理

第 6 章

涉 VOCs 污染源过程工况监控及
可视化数据平台开发项目

第 7 章

基于循环经济理论的锂电池全产
业链分析项目

第 8 章

宝安区工业用地对周边民生项目
环境能响调查研究

第 9 章

基于共享单车的 PM2.5
移动监测研究

及排放设备的实时运行预警，进而实现精细化管理；环保部门可实时勘查企业设备的整体运行状态，迅速掌握企业生产、处理及排放线路流程等信息，实现"一企一策"，达到企业与环保部门及政府的双赢局面。

6.4 导师点评

小组成员具有较强的团队合作精神，分工明确，交接细致，沟通流畅，能够互相体谅、主动分担。虽然在前期遇到了诸多困难，但他们依然保持积极向上的心态，深入思考，时常反思。通过查阅资料、请教师友、主动前往企业集中学习，他们克服了一个又一个难题，解决问题的能力逐步提升，很高兴看见他们的成长。

有限的时间、陌生的领域、复杂的项目，面对重重困难，小组成员选择了积极应对，通过和谐的团队合作与主动的创新探索，顺利凝练并完成了一个具有现实意义的小课题。为他们点赞！

——校内导师

6.5 学生感悟

跟随专业环保公司技术人员的考察经历，加深了我们对于环保企业的理解，也让我们见识到了深圳市许多生产企业的现状，以及它们所面临的困难与挑战。

从考察时与企业负责人的沟通交流中，我们看到各企业对其VOCs排放处理的不同管理经营态度和措施。一般来说，大型规模化企业都展现了对VOCs处理的高度责任感，而部分中小型企业存在着拥有处理设施却不开启的情况。

135

由于近几年深圳市大力推行企业的转型升级，对企业排放的管理也越来越严格，致使不少工业获利困难，难以在深立足，一些厂房不得不搬迁或改造。这些政策虽然总体上使得深圳市的环境质量逐步提升，不过也对许多传统产业造成不小的打击，同时也给环保企业的核查工作增加了难度。这也是环境治理过程中常会出现的矛盾，基于这点考虑，专业环保公司应对于监控设备的安装、维修、运营全程负责，这也是打消对方顾虑的重要手段。

在监控设备的安装工作中，我们也发现，由于缺乏事先的沟通工作，比如在一家生产投影仪的大型企业安装监控设备的时候，就出现了设备的型号和功能与目标企业的安全标准不符，现场的强电部门与弱电部门工作衔接断链等情况，导致在人员调度中消耗了大量时间，最后企业方面仍然拒绝安装，影响了项目实施的总体进度。

环保公司面临的问题与困难，很可能也会是我们未来走入社会，进入企业所要面对的，因此我们也深刻地意识到，培养解决实际问题能力的重要性。

企业考察的过程，情况要比我们先前想象的更为复杂。大中型企业相对还比较规范，但小型企业可以说让人有些头疼。首先要寻找到那些企业的位置，就不是一件容易事。找到了位置，负责人有时还不在场，更不用说他们是否愿意配合工作人员的调查了。即使能在出发前做足预案，现场还是可能会有意想不到的突发情况，因此现场考察工作是对从业人员能力的一大考验。同时完善各类型企业的信息，建立更便捷的沟通渠道，也是十分有必要的工作。

——同学A

我在9月12日参加了第一次企业考察。给我印象较深的有两点：一是不同企业对于安装VOCs监控设施的态度，二是我所进到的某电子有限公司的工厂内部。

在跟随工程师们前往企业进行调查的过程中，不同的公司态度有很大差距。有的公司很积极地带我们参观生产线和VOCs处理设施，有的则以相关负责人不在为由不许我们进入，更有借口产品特殊而坚决不许进入参观的。这使我感受到学院开设这门课的用心：在进入社会后，并不是所有问题都能用科学技术解决，相反，大部分问题都是基于人与人的交流才能解决，沟通水平在工作中是很重要

第 6 章

涉 VOCs 污染源过程工况监控及
可视化数据平台开发项目

第 7 章

基于循环经济理论的锂电池全产
业链分析项目

第 8 章

宝安区工业用地对周边民生项目
环境影响调查研究

第 9 章

基于共享单车的 PM2.5
移动监测研究

的技能。

另一点则是在工厂中参观工艺流程时，我发现工人们的一些保护设施并不是
很健全，且在这方面的管理监督也不是很到位。例如一些喷漆工人并不一直戴着
口罩，而且在我们进生产车间时，也并没有穿防护服，甚至没有戴口罩。我认为
工厂应该更严格地监督工人们佩戴好防护器具，防患于未然。同时也希望本项目
能为工厂VOCs监督管理提供些微的帮助。

——同学B

9月19日，小组成员此行的目的是了解各行业生产流程和VOCs排放的重点
环节。感触最深的不是炽热的骄阳和舟车劳顿，而是各行业的生产现状截然不
同。第一家前往的是某家具厂，仅由一栋3层小楼和一方窄院组成的"工厂"。
其生产环节并不复杂，3层楼从一层至三层被分别用于"开料""打磨和底漆""面
漆"，三楼天台设置了水喷淋塔和四台过滤抽风机作为VOCs和粉尘处理设施。
总体上看，虽然工厂硬件条件较为简陋，但是环保设施倒是装备和运行到位。可
见国家和深圳市政府为大气污染排放限制做了极其深入的努力。令人印象深刻的
是，工厂负责人一路上抱怨连连：关于环保设施开起来耗电多、电费贵，抬高了
生产成本；关于附近的家具厂由于招不到合适的人而纷纷关张歇业；关于年轻人
已经不愿意做此类伤身伤肺的工作，自己的工厂前景惨淡。前往下一家企业的路
上，随行工程师解释说此类家具厂近几年生存艰难，像这样还在生产的家具厂已
实属幸运。

——同学C

原计划监控名单中的部分涉VOCs污染重点企业因倒闭、搬迁及生产工艺变
更等原因，无法进行监控设备的安装。因此项目组在替补名单中选择了部分涉
VOCs污染企业进行工勘。但这些企业部分存在未进行"一企一方案"污染治
理，或者企业规模过小以至于没有达到监控标准的，我们的第一次外出考察出现
了无法进行正常调查流程的企业。

——同学D

我跟随环保公司工程师对横岗工业区中6个中小型涉VOCs企业进行了核查。这次考察让我进一步将我们小组VOCs污染工况监控课题的研究内容具象化，剖析清楚课题考察组任务的脉络；相较于了解性质的认知实习，这次的企业核查是一次我真正意义上接触环境科学与工程领域的超高真实度的实习。没有环境领域专业人员的详细解说，没有企业负责人洋溢喜悦的笑脸，我们要面对的是工厂负责人的百般阻挠以及一问三不知的推脱。而如何从与工厂负责人的周旋中挖掘有用信息以及如何合理应对工厂实际VOCs污染处理情况与项目理想进度安排所带来的矛盾是此次企业考察的核心要点。

——同学E

小组工作重心从"小程序开发建设"转到"可视化大屏设计"对大家来说都是巨大的考验。工作重心转变的原因来源于多个方面。首先，在第二次与企业导师交流的时候得知，公司已经在着手设计建设微信小程序端并且几乎完成。这让小组的工作突然陷入"鸡肋"的境地。其次，小组成员在之前的学习中没有接触到小程序设计制作的相关知识，一切从零开始会非常吃力。经过全组同学和合作公司的商量，校外导师建议我们设计一个可视化工况监控大屏展示系统。听取了导师的建议后，全组同学经过讨论可行性和必要性决定接受这个建议。综合考量之下，我们组认为这是一个更可行和有实际意义的项目。原因如下：第一，可行性上。可视化大屏基于HTML和Java Script，相比较小程序设计对新手更加友好。第二，必要性上。我们的重点考量在必要性上：了解到环保公司制作的小程序平台仅服务于环境监察管理工作，不对外开放。而小组制作的大屏展示系统可以同时面向企业和监察部门开放，这有利于企业随时掌握生产和排放情况，在他查之前及时自查，减少违规风险和监察人力物力的损耗。同时，工况数据监控涉及多条生产线和处理线路，需要结合组内考察组早前进行的工况考察信息，这对两个小组的学习重点有机结合起到了重要作用。能够增进组内各个分工的交流合作。我们认为，这也是这门课程中最值得收获的地方。

文本组不同于大数据平台开发组与企业考察组，做着看似是充当"门面"的工作，其实我们的工作完全没有所有人想象的那么简单，制作周报、月报与汇报用的PPT并不是一件简单的工作，调试文本和做到整体与细节都简洁美观是一个大工程，不是简简单单地堆砌素材。

在为期一个学期的工作学习过程中，所有项目组成员团结一心，开每周例会和总结上周的不足已经成为我们的习惯。对于文本组而言，我们非常开心能够在这一组当中收获了最信任和支持我们的组员，他们能够认真对待我们不断提出的修改意见和建议，认真使自己制作的文本符合制定的规则，也会为我们如何能够做得更好出谋划策。

组内两名同学的分工和合作也是汇报最终完美呈现不可缺少的一环，我们在每次磨合和讨论中，不断进步，认真将老师们给出的意见吸收接纳，我们也更加深刻地认识到文本规范的重要性，认真规范的写作和排版不是吃力不讨好的工作，恰恰相反，这样做不仅可以提升制作文本的规范性，还能使阅读者省去很多困扰，更加一目了然。当然，做到文本规范不仅仅是为了让我们在这个课程中获得很好的评价，让所有成员的工作能够更好地为大家所熟知，更能让我们在以后的学习生活中受益。

——同学F、同学G

本章参考文献

［1］李桥. 生物炭紫外改性及对VOCs气体吸附性能与机理研究［D］. 重庆：重庆大学城市建设与环境工程学院，2016.

［2］SONG M，LIU X，ZHANG Y，et al.Sources and abatement mechanisms of VOCs in southern China［J］. Atmospheric Environment，2019，（201）：28–40.

［3］梁碧玲，张丽，赖鑫，等. 深圳市臭氧污染特征及其与气象条件的关系［J］. 气象与环境学报，2017，33（1）：66–71.

［4］邱建华，吴彩斌. 挥发性有机物（VOCs）对室内环境的影响研究［J］. 闽西职业技术学院学报，2009，11（1）：124–127.

［5］深圳市生态环境局. 2019年度深圳市环境状况公报［R］. 深圳：深圳市生态环境局，2020.

［6］潘月云，李楠，郑君瑜，等. 广东省人为源大气污染物排放清单及特征研究［J］. 环境科学学报，2015，35（9）：2655–2669.

［7］陈森阳. 印刷行业VOCs排放控制与治理现状探究［J］. 厦门科技，2018（1）：

　　　　　17–20.

［8］黎焕珍. 关于工业VOCs的危害分析及治理技术探讨［J］. 环境与发展，2019，31
　　　　　（2）：65–66.

［9］郭智臣. 生态环境部印发《重点行业挥发性有机物综合治理方案》［J］. 化学推进
　　　　　剂与高分子材料，2019，17（4）：15.

［10］国家环境保护局. 大气污染物综合排放标准GB 16297—1996［S］. 北京：中国标
　　　　　准出版社，2015.

第 7 章

基于循环经济理论的锂电池全产业链分析项目

7.1 | 课题背景

7.1.1 锂电池及其特性

自改革开放以来，我国经济取得了快速的发展，对能源的需求也急速增长。电能作为目前使用最广泛的能源，支撑着全社会各行业的发展。电池作为电能储存的装置，其回收再利用问题一直是社会关注的热点。锂电池作为我国主要的储存电能的介质之一，得到了广泛的应用。近年来，我国电动汽车行业快速发展，保有量已超过260万辆，位居世界第一[1]。截至2019年年底第一批动力电池基本退役，如何妥善处理大量的退役动力电池，减少环境污染，成为电动汽车行业目前面临的最大问题之一[2]。

由于具有很高的能量密度，锂金属在1958年被引入到电池领域，在20世纪70年代进入商业研发阶段，1991年日本索尼公司推出了第一块商品化锂电池，标志着电池工业的一次革命。发展至今，锂电池已经广泛应用于多个领域，在动力电池领域也有优异的表现。锂电池的主要组成部分包括电解液、正极、负极、隔离膜等，锂电池能量的存储和释放是通过电极材料参与氧化还原反应进行的，其核心和关键是正极的活性材料，有钴酸锂（$LiCoO_2$，简称LCO）、镍酸锂（$LiNiO_2$，简称LNO）、镍钴酸锂（$LiNi_xCo_xO_2$，简称NC）、锰酸锂（$LiMn_2O_4$，简称LMO）、磷酸铁锂（$LiFePO_4$，简称LFP）、镍钴铝酸锂（$LiNi_xCo_yAl_{1-x-y}O_2$，简称NCA）、镍钴锰酸锂（$LiNi_{1-x-y}Co_xMn_yO_2$，简称NCM）等[3]。锂电池的主要优点和缺点见表7-1。

第6章
涉VOCs污染源过程工况监控及可视化数据平台开发项目

第7章
基于循环经济理论的锂电池全产业链分析项目

第8章
宝安区工业用地对周边居民住宅环境影响调查研究

第9章
基于共享单车的PM2.5移动监测研究

锂电池优缺点总结   表7-1

优点	缺点
低自放电率（2%/M ~ 8%/M）	中等程度的初始价格
长贮存寿命，长循环寿命（＞1000次）	高温下衰减
宽广的工作温度范围	需要保护电路
高能量密度	过充电时会出现容量损失或可能热失控
可在铝塑膜壳体内制成袋式或聚合物电池	电池撞击破裂时，会排气和可能热失控
可以有更多化学体系供选择设计	低温下快充电（＜0℃），可能变得不安全

7.1.2 锂电池的全生命周期过程分析

锂电池的全生命周期过程包括原材料的制备、电芯制作及封装、应用、梯次利用和拆解回收等，各个过程的关系如图7-1所示。

（1）原材料制备

构成锂电池的材料包括正、负极材料、隔膜和电解液。最常用的正极材料有钴酸锂、锰酸锂、磷酸铁锂、碳酸锂和三元材料（镍钴锰的聚合物）。正极材料的性能直接影响着锂电池的性能，其成本也直接决定电池的成本。负极材料主要为天然石墨和人造石墨。负极材料作为锂电池的重要组成材料，在提高电池的容量以及提升循环性能方面作用重大，处于锂电池中游产业的核心环节。隔膜材料主要是以聚乙烯、聚丙烯为主的聚烯烃类材料。锂电池的结构中，隔膜是关键的内层组件。隔膜的性能决定了电池的界面结构、内阻，进一步影响了电池的容量、循环次数以及安全性能等特性，性能优异的隔膜对提高电池的综合性能具有重要的作用。电解液一般由高纯度的有机溶剂、电解质锂盐、必要的添加剂等在一定条件下，按比例配制而成。电解液在锂电池正、负极之间起到传导离子的作用，是锂电池获得高电压、高比能等优点的保证[4]。

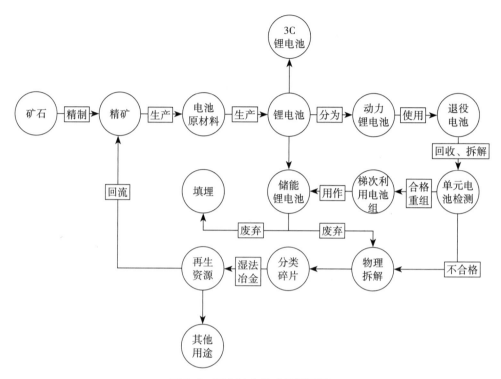

图7-1 锂电池全生命周期图解

（2）电芯制作与封装

目前主流的锂电池封装形式主要有圆柱形、方形和软包三种。圆柱形锂电池外壳为钢制，内填充电池，其容量高、输出电压高、充放电循环性能好，多用于太阳能灯具、后备电源、电动工具等。方形锂电池外壳通常为铝壳或者钢壳，其结构较为简单，整体重量轻，可以根据产品尺寸进行多种定制化生产，但是型号过多，工艺难以统一，限制了其在工业设备领域的大规模使用。软包锂电池采用聚合物外壳包裹液态锂离子电池，软包材料分为外阻层、阻透层和内层。软包电池安全性能好、重量轻、容量大、设计灵活。

（3）锂电池的应用

锂电池由于具有独特的性质和非常高的比能量，非常适合那些需要小体积、高能量电池产品的应用场景，根据其型号及应用终端，一般将其应用领域分为3个，即动力电池领域、消费领域和储能电池领域。

首先是动力锂电池领域，受到新能源汽车高速增长带来的影响，动力锂电池

第 6 章
涉 VOCs 污染源过程工况监控及
可视化数据平台开发项目

第 7 章
基于循环经济理论的锂电池全产
业链分析项目

第 8 章
宝安区工业用地对周边民生项目
环境影响调查研究

第 9 章
基于共享单车的PM2.5
移动监测研究

领域近十年内发展非常迅速，目前已经在市场上占据了相当大的份额。除了汽车，动力锂电池也可以应用于摩托车和电动助力车，由于锂电池供能效果好且体积较小（相对同能量的铅锌电池，体积只有1/5左右），在方便使用和携带的同时可以给电动车和摩托车带来更强劲的速度。同时，由于锂电池出色的性能，也在军工和航空航天领域受到青睐。

在消费领域，手机、笔记本电脑、平板电脑等都是锂电池应用大户，近年来此类市场逐渐趋于饱和，增长相对缓慢，不过仍然是锂电池应用领域占比最大的部分。智能手机应用和功能的不断增加，对锂电池的性能提出了更高的要求。而进入5G通信时代后，手机的耗电速度更快，这也对搭载其中的锂电池容量提出了新的挑战。消费型锂电池另一个应用大户是充电宝，目前市场上的充电宝绝大多数都是锂电池型充电宝，属于消费产品领域的还有剃须刀、电动玩具、照相机、手表等。

锂电池的最后一个应用领域是储能领域，目前该领域市场规模相对较小且发展缓慢。锂电池在此领域的主要应用是作为各种发电站的储能电源，以及国家级信息中心的备用电源。5G技术的发展为储能锂电池的发展提供了重大机遇，由于5G基站的建设密度会远超目前的4G基站，大量建成的5G基站采用锂电池作为其备用电源，会大大促进锂电池在此领域的发展。

（4）锂电池的梯次利用

锂电池的梯次利用是指功率较大的动力型锂电池使用后经过分拣重组后在小功率应用场景下继续使用，直至报废。锂电池的梯次利用也是国家一直支持的废旧锂电池处理措施之一。由于动力型锂电池能量密度高，因此部分退役的锂电池其能量密度依然能够满足储能或者消费型锂电池的应用需求。目前锂电池梯次利用的最成功案例就是中国铁塔股份有限公司推动的回收利用闭环发展[5]。2018年，中国铁塔开始在全国31个省级分公司全面停止采购铅酸电池，转而采用梯次动力电池进行基础建设。与铅酸蓄电池相比，梯次锂电池能量高、体积小、寿命长、污染小，在为电信企业提供更好的保障服务的同时，避免传统电池对环境的污染；此外，利用梯次电池储能能力实现削峰填谷，节省了可观的基站电费支出，具有积极的社会意义。

（5）锂电池的拆解回收

作为锂电池产业链的终端，锂电池的拆解回收涉及环境和材料循环，在锂电池的全生命周期中是一个相当重要的环节。报废后的锂电池，如处理处置不当，其所含的六氟磷酸锂、碳酸酯类有机物以及钴、铜等重金属会对环境产生污染威胁；同时，废锂电池中的钴、锂、铜等金属材料均是宝贵资源，回收价值较高，所以锂电池的合理拆解有较高的环境和经济效益[3]。

目前，废锂电池的资源化回收主要是针对价值高的正极贵重金属钴和锂，对负极材料收集的报道较少。我国的新能源汽车在2014年进入爆发式增长，按照动力电池的平均寿命4~6年计算，则2020年前后动力电池将进入第一个报废高峰期。相当多的一批退役锂电池进入市场，目前的专业拆解厂家无法满足数量巨大的退役电池拆解需求。因此，锂电池的拆解和回收具有极大的发展潜力。

7.1.3 锂电池的梯次利用分析

（1）回收成本分析

目前废旧锂电池回收企业已经发展了完备的回收检测和处理工艺，但成本较高是造成企业无法实现大规模盈利的最大原因。表7-2是本小组经过调研得到的某企业对报废三元锂电池进行回收利用的成本。根据表格提供的信息，材料方面投入的成本达到每吨44000元，其中三元锂电池回收成本达到了40000元/t，占材料总成本的91%。

动力电池循环再利用成本结构　　　　　　　　　　　　　　表7-2

成本	项目	具体内容	成本（元/t）
生产成本	材料成本	废旧电池、液氮、水、酸碱试剂、萃取剂、沉淀剂	44000
	燃料及动力成本	电能、天然气、汽油消耗等	650
	环境治理成本	废气、废水净化	400
		废渣、灰烬处理	150

续表

成本	项目	具体内容	成本（元/t）
生产成本	设备成本	设备维护费	100
		设备折旧费	500
	人工成本	操作工人、技术人员、管理人员、运输人员等工资	500
	其他成本及税费	高速通行费、产品包装及销售费用、其他不可预计费用	200
		增值税、所得税	4000
合计			50500

（2）梯次电池重组加工

电池拆解后得到内部的电芯，首先进行分容处理，然后再经过检测、均衡、加装电池管理系统（Battery Management System，BMS）后，等待下一步处理。拆解后的电芯如图7-2所示。

（3）新电池的封装

拆解后的电池经过一系列处理工序后，最后进行封装，制作成为通信基站用锂电池及两轮、三轮电动车用锂电池等产品出售。

（a）   （b）

图7-2 梯次电池拆解后的电芯
（a）电芯外部；（b）电芯内部

（4）企业调研情况

在创新设计课期间，本小组赴行业内某锂电池梯次利用企业调研，深入到生产一线，实际了解和学习了锂电池梯次利用的知识，对梯次利用技术有了直观的认识，在此过程中积极向企业的技术专家请教，为分析梯次利用技术的环境和社会效益积累了基础知识，现场调研的情况如图7-3所示。

调研企业产品涵盖动力锂电池、储能锂电池、消费类锂电池等，包括圆柱32700、18650电芯，电动摩托车及电动三轮车所用电池组，低速车磷酸铁锂电池组，4G、5G通信基站备用电池组，储能电池组等，广泛应用于储能、电动工具、电动摩托车、电动车、通信基站领域（图7-4）。

（a）　　　　　　　　　　　（b）

（c）　　　　　　　　　　　（d）

图7-3　赴某锂电池梯次利用企业参观、调研

（a）企业专家为同学们讲解；（b）待处理的回收锂电池；

（c）回收电池容量检测；（d）封装后的电池产品

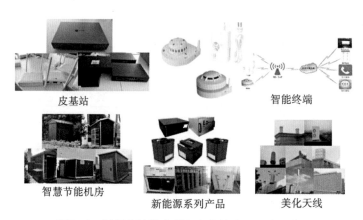

皮基站　　　　　　　　　　　　智能终端

智慧节能机房　　　　新能源系列产品　　　美化天线

图7-4　某锂电池梯次利用企业的产品用途示意图

第 6 章
涉 VOCs 污染源过程工况监控及
可视化数据平台开发项目

第 7 章
基于循环经济理论的锂电池全产
业链分析项目

第 8 章
宝安区工业用地对周边民生项目
环境影响调查研究

第 9 章
基于共享单车的PM2.5
移动监测研究

7.1.4　课题研究目标

本课题的研究目标是基于目前锂电池梯次回收利用技术快速发展的现实，对锂电池全生命周期过程进行评价，重点关注梯次利用技术对锂电池全生命周期环境效益的影响。

7.2 | 课题研究方法

7.2.1　模型建立及评价

Gabi软件是行业内主流的全生命周期评估软件之一，其内嵌多种国际通用的评估模块，且拥有庞大的数据库支撑，可以通过可视化界面来建立全生命周期评价模型[6]。本课题利用Gabi软件内嵌的ILCD PEF（v1.09）模块建立锂电池生命周期评价的模型，针对锂电池生命周期的各个环节，完成清单分析，在此基础上完成锂电池全生命周期各环节的环境影响评价。

7.2.2　进度安排与人员分工

经课题组内充分讨论，形成了课题的进度安排（表7-3）。

课题进度安排　　　　　　　　　　　　　表7-3

阶段（周）	工作内容
第1~3周	组建团队，培训相关组员，熟悉和调研项目，完成报告大纲
第4~10周	模型建立及评价，完成报告初稿
第11~12周	对初稿内容进行评价

续表

阶段（周）	工作内容
第13～15周	修改并完成报告终稿
第16周	项目汇报

结合课题组各位同学的兴趣及知识结构，对人员分工做出科学的安排（表7-4）。

课题组人员分工　　　　表7-4

姓名	职务	主要承担工作职责
同学A	组长	1. 把控全组成员按计划推进项目 2. 撰写产业报告第一章 3. 制作产业链流程图
同学B	财务	1. 会议记录、周报、开题报告幻灯片 2. 建模数据收集 3. 财务报销
同学C	组员	1. 循环模型建立 2. 制作产业链流程图 3. 锂电池市场调查与写作
同学D	组员	1. 电池回收利用介绍 2. 锂电池生产与减排效益的关系分析 3. 锂电池交易平台建设分析
同学E	组员	1. 锂电池环境问题调查 2. 梯次利用电池的终端分析 3. 电池回收及梯次利用企业的发展前景分析
同学F	组员	1. 相关政策调查与汇总 2. 梯次利用资源效益分析 3. 锂电池梯次利用标准的建立与完善

第 6 章

涉 VOCs 污染源过程工况监控及
可视化数据平台开发项目

第 7 章

基于循环经济理论的锂电池全产
业链分析项目

第 8 章

宝安区工业用地对周边民生项目
环境影响咨询研究

第 9 章

基于共享单车的PM2.5
移动监测研究

7.3 结果与讨论

7.3.1 锂电池生命周期评价

1．目标与范围

（1）产品与系统分析

对锂电池进行生命周期评价，采用单一LCA和比较LCA两种方法，先对磷酸铁锂电池、三元锂电池进行单一LCA研究，再通过对梯次利用的比例调控进行LCA研究。

（2）系统边界

目前市场上电动汽车的动力电池主要为磷酸铁锂电池和三元锂电池，所以本研究主要针对两种锂电池产品进行全生命周期评价，其过程包括：生产制造、使用、梯次利用、报废处理。每个过程由若干个基础单元组成，单元之间通过基础流的流动相互联系。外部环境包括锂电池生产制造过程中的矿产、化石能源消耗及生命周期过程中的污染排放。

（3）功能单位

本研究以锂电池存储及输出能量1kWh为功能单位，其他单位见清单分析。

2．清单分析与模型评价

（1）锂电池生产阶段

组成锂电池的成分十分复杂，不同厂家的产品在配比上也有所不同，本研究数据来源于Gabi数据库及文献调研。本研究着眼于宏观评价，在生命周期评价中着重平均水平的分析，故作出如下合理假设：

1）锂电池由正极、负极、电解液、铝、铜、外壳构成。

2）磷酸铁锂电池和三元锂电池除正极材料不同，其他成分相同。

3）外壳皆为铝。

151

本研究中锂电池材料质量配比见表7-5。电池主要由正极、负极、电解液和铜、铝等金属构成，以上各组分的质量占比分别为52%、18%、14%、11%和5%。其中正极包括正极材料、乙炔黑和聚偏氟乙烯，质量占比分别为89%、7%和4%；负极包括石墨和聚偏氟乙烯，质量占比为90%和10%；电解液的组分包括碳酸乙烯酯、碳酸丙烯酯、碳酸甲乙酯和六氟磷酸锂，其质量占比分别为29%、29%、29%和13%。

锂离子电池功能单元构成及各单元组分质量配比　　　　　表7-5

电池功能单元	质量占比（%）	各单元组成材料	各材料质量占比（%）
正极	52	正极材料	89
		乙炔黑	7
		聚偏氟乙烯	4
		合计	100
负极	18	石墨	90
		聚偏氟乙烯	10
		合计	100
电解液	14	碳酸乙烯酯	29
		碳酸丙烯酯	29
		碳酸甲乙酯	29
		六氟磷酸锂	13
		合计	100
铜	11	—	—
铝	5	—	—
合计	100	—	—

对磷酸铁锂和三元锂电池，正极材料的理论能量密度分别为578Wh/kg和973Wh/kg，由于本研究的功能单位为锂电池存储及输出能量1kWh，在考虑转化效率约为61%后，磷酸铁锂和三元锂电池单体质量分别为6.135kg和3.636kg[7]。

第 6 章
涉 VOCs 污染源过程工况监控及
可视化数据平台开发项目

第 7 章
基于循环经济理论的锂电池全产
业链分析项目

第 8 章
宝安区工业用地对周边民生项目
环境影响调查研究

第 9 章
基于共享单车的 PM2.5
移动监测研究

（2）锂电池使用阶段

由于本研究针对锂电池梯次利用所带来的环境效益，故电池使用阶段的能耗不作考虑，在本节只考虑动力锂电池从电动汽车退役后其能存储及输出的能量。当经过若干次电池充放电后，锂电池的电极老化，容量下降到大约80%，此时已不能满足电动汽车的使用要求。故本研究中退役后锂电池功能单位为0.8kWh。

（3）锂电池梯次利用阶段

在电池进行分选和重组检测时，主要能耗为充放电检测。对1kWh容量的电池以1倍电池容量的电流（即1C充电电流）充电1h，放电1h，再充电到50%容量准备出货，所以1kWh容量的电池需要2.5kWh电量消耗，梯次利用电池容量下降，0.8kWh容量的电池对应电耗为2kWh。

退役后的某些锂电池单体存在电解液漏液现象，此类电池占比约为万分之一，故在本研究中不做考虑。

（4）锂电池报废处理阶段

锂电池中可回收的资源主要有锂、铜、铝、碳等元素，回收方法主要有物理法、化学法、生物法，具体回收工艺见表7-6。

锂电池回收工艺总结 表7-6

工艺分类	工艺细节	工艺特点
物理法	高温焚烧分解去除胶粘剂，使材料实现分离、金属氧化，然后还原焙烧生成贵金属和氧化锂，高温下形成蒸气挥发，通过冷凝实现分离和收集	工艺简单，产物单一，能耗较高，且产生一定的废气污染，回收率较低
化学法	化学沉淀：先选择性溶解，后沉淀分离得到贵金属元素	成本较高、工艺复杂，但回收率很高，且污染较低
	离子交换：先溶解，基于金属离子对络合物的吸附系数差异实现离子交换树脂对金属的分离提取	
	溶剂萃取：利用某些有机试剂与要分离的金属离子形成配合物，逐步分离	
生物法	利用微生物将体系的有用组分转化为可溶化合物并选择性地溶解，实现目标金属与杂质分离	尚处起步阶段，且菌种培养、浸出条件复杂，但成本低、回收率高、污染小，应用潜力大

153

本研究中采取化学法回收锂、铜、铁等元素，先通过强酸对电池材料进行溶解，后通过强碱将金属元素沉淀，再通过过滤、电化学等方法将金属元素分离，实现材料回收。假设重金属材料回收率为80%。

3．评价结果

本研究使用较为先进的ILCD PEF（v1.09）Recommendations 评价方法（Gabi内嵌），基于Gabi数据库进行特征化处理，对锂电池生产阶段的环境影响进行了评价。生产过程中主要的影响包括温室气体的排放、臭氧层破坏、人体毒性、颗粒物、电离辐射、光化学臭氧、酸化、富营养化、资源枯竭。

（1）生产阶段环境影响

锂电池在生产阶段的环境影响计算结果见表7-7。

锂电池生产阶段的环境影响　　　　　　表7-7

影响	磷酸铁锂电池	三元锂电池	单位
温室气体排放（包括生物碳）	2.27E+02	1.35E+02	kg CO$_2$[1]
臭氧层破坏	2.65E-06	1.57E-06	kg R11[2]
人体毒性（致癌效应）	1.18E-06	6.99E-07	CTUh
人体毒性（非致癌效应）	3.84E-05	2.28E-05	CTUh
颗粒物/呼吸性无机物	7.51E-02	4.45E-02	kg PM2.5eq
影响人类健康的电离辐射	1.92E+01	1.14E+01	kBq U235eq
光化学臭氧的形成	6.88E-01	4.08E-01	kg NMVOC eq
酸化	1.23E+00	7.29E-01	Mole H$^+$ eq
陆地富营养化	1.75E+00	1.04E+00	Mole N eq
淡水富营养化	7.06E-04	4.18E-04	kg P eq
海洋富营养化	1.66E-01	9.84E-02	kg N eq
淡水生态毒性	7.95E+01	4.71E+01	CTUh

续表

影响	磷酸铁锂电池	三元锂电池	单位
水资源枯竭	7.86E+00	4.66E+00	m^3 eq
矿物，化石和可再生能源资源枯竭	5.48E−02	3.25E−02	kg Sb[③]
温室气体排放（不含生物碳）	2.28E+02	1.35E+02	kg CO_2

①所有温室气体的排放量按照其全球升温潜势值折算为CO_2；
②把不同气体对温室气体的破坏效应折算为制冷剂R11（CFC-11，一氟三氯甲烷）；
③各类矿石的量统一折算为金属锑Sb。

（2）锂电池梯次利用阶段的环境影响

锂电池梯次利用阶段的环境影响计算结果见表7-8。

锂电池梯次利用阶段的环境影响　　　　表7-8

影响	磷酸铁锂电池	单位
温室气体排放（包括生物碳）	8.33E−01	kg CO_2
臭氧层破坏	4.15E−14	kg R11
人体毒性（致癌效应）	7.60E−10	CTUh
人体毒性（非致癌效应）	2.44E−08	CTUh
颗粒物/呼吸性无机物	1.49E−04	kg PM2.5eq
影响人类健康的电离辐射	3.98E−01	kBq U235eq
光化学臭氧的形成	1.37E−03	kg NMVOC eq
酸化	2.60E−03	Mole H^+ eq
陆地富营养化	5.28E−03	Mole N eq
淡水富营养化	2.26E−06	kg P eq
海洋富营养化	5.24E−04	kg N eq
淡水生态毒性	4.03E−02	CTUh

续表

影响	磷酸铁锂电池	单位
水资源枯竭	5.51E-02	m^3eq
矿物，化石和可再生能源资源枯竭	2.96E-06	kg Sb
温室气体排放（不含生物碳）	8.34E-01	kg CO_2

（3）报废处理阶段的环境影响

锂电池在报废阶段的环境影响计算结果见表7-9。

锂电池报废处理阶段的环境影响　　　　　　　　　表7-9

影响	磷酸铁锂电池	三元锂电池	单位
温室气体排放（包括生物碳）	-9.68E+00	-5.74E+00	kg CO_2
臭氧层破坏	-6.41E-15	-3.80E-15	kg R11
人体毒性（致癌效应）	-6.02E-08	-3.57E-08	CTUh
人体毒性（非致癌效应）	-1.49E-06	-8.83E-07	CTUh
颗粒物/呼吸性无机物	-8.35E-03	-4.95E-03	kg PM2.5eq
影响人类健康的电离辐射	3.17E-02	1.88E-02	kBq U235eq
光化学臭氧的形成	-2.77E-02	-1.64E-02	kg NMVOC eq
酸化	-7.13E-02	-4.23E-02	Mole H^+ eq
陆地富营养化	-9.70E-02	-5.75E-02	Mole N eq
淡水富营养化	-9.70E-02	-5.75E-02	kg P eq
海洋富营养化	-8.95E-03	-5.30E-03	kg N eq
淡水生态毒性	-4.76E+00	-2.82E+00	CTUh
水资源枯竭	-2.39E-02	-1.42E-02	m^3eq
矿物、化石和可再生能源资源枯竭	-1.61E-03	-9.54E-04	kg Sb
温室气体排放（不含生物碳）	-9.69E+00	-5.74E+00	kg CO_2

第 6 章

涉 VOCs 污染源过程工况监控及
可视化数据平台开发项目

第 7 章

基于循环经济理论的锂电池全产
业链分析项目

第 8 章

宝安区工业用地对周边民生项目
环境影响流查研究

第 9 章

基于共享单车的PM2.5
移动监测研究

7.3.2 锂电池循环利用的环境效益评估

1.研究目的

模拟2015～2023年期间的动力锂电池全生命周期对环境造成的影响，并计算对比循环利用技术引入前后在资源消耗和污染排放方面的差别，得出循环经济所带来的环境效益。通过调整梯次利用与废品拆解比例展示不同的环境收益，并分类展示评估。

2.研究方法

本研究利用Vensim模型模拟2015～2023年间动力锂电池装机量及各环节的温室气体及污染物质排放量，计算过程中使用的各基本系数由文献调研获得。Vensim是由美国Ventana Systems，Inc.所开发的一款系统动力学建模软件，可以将一个动力学的系统概念化，并进行模拟、分析、求得最优解等。其可提供一种简易而具有弹性的方式，以建立包括因果循环（casual loop）、存货（stock）与流程图等相关模型。

3.必要模型变量及计算公式说明

（1）年度动力电池总装机量

模型仅计算三元锂动力电池及磷酸铁锂动力电池的装机量，因此，年度动力锂电池总装机量为两种电池装机量之和，其中年度动力电池装机总量计算公式为

$$N=14.9 \times 1.5197^{(Y-2015)} \tag{7-1}$$

式中　N——年度装机总量，GWh；

　　　Y——计算年份，$Y>2015$。

（2）电池装机比例

考虑到不同车型装载电池数量的差异，因此计算三种车型即客用车、专用车及乘用车的装机比例，以2015～2018年的数据为计算基准，计算每年三种车的装机比例，然后取4年平均值作为三种车的装机比例。为了保证数据的合理性，设定客用车最低装机比例为15%，乘用车最高装机比例为70%。通过模型计算，得到三种车型的装机比例分别如下：

$$YOY_k=0.61 \times 0.7980^{(Y-2015)} \tag{7-2}$$

式中　YOY_k——客用车装机比例，%；

Y——计算年份，$Y>2015$。

$$YOY_z=0.27\times1.2903^{(Y-2015)} \tag{7-3}$$

式中　YOY_z——专用车装机比例，%；

Y——计算年份，$Y>2015$。

$$YOY_c=1-YOY_k-YOY_z \tag{7-4}$$

式中　YOY_c——乘用车装机比例，%；

Y——计算年份，$Y>2015$。

经过模拟，不同车型的电池装机比例和电池退役数量如图7-5和图7-6所示。

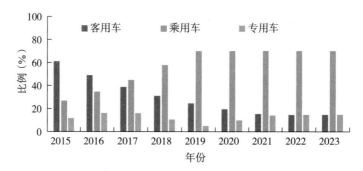

图7-5　不同车型的电池装机比例

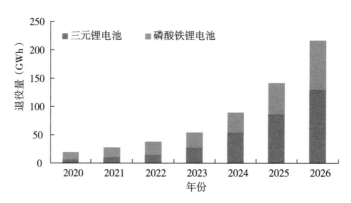

图7-6　不同动力锂电池退役量预测

（3）电池生产过程排放衰减系数

该系数用于模拟锂电池生产工艺进步带来的单位锂电池的生产排污降低，具体数值由文献中预测每15年锂电池生产排污减半得到。其计算公式为：

$$Emission_r=0.9548^{(Y-2015)} \tag{7-5}$$

第 6 章

涉 VOCs 污染源过程工况监控及
可视化数据平台开发项目

第 7 章

基于循环经济理论的锂电池全产
业链分析项目

第 8 章

宝安区工业用地对周边民生项目
环境影响调查研究

第 9 章

基于共享单车的 PM2.5
移动监测研究

式中 $Emission_r$——排放衰减系数;

       Y——计算年份,$Y > 2015$。

（4）电池生产过程的资源利用增益系数

该系数用于模拟锂电池生产工艺进步带来的单位锂电池生产资源消耗的降低,具体数值由文献中预测每15年锂电池能量密度加倍得到。其计算公式为:

$$Resource_r = 1.0473^{(Y-2015)} \tag{7-6}$$

式中 $Resource_r$——资源利用增益系数;

       Y——计算年份,$Y > 2015$。

（5）动力电池循环过程的年度碳减排量

此变量描述的是引入循环经济手段（拆解或梯次利用）带来的碳排放减量值,具体计算公式为:

$$CO_{2r} = (Disassemble_{ternary} + Echelon_{ternary}) \times CO_{2ternary} +$$
$$(Disassemble_{LFP} + Echelon_{LFP}) \times CO_{2LFP} - \tag{7-7}$$
$$(Echelon_{ternary} + Echelon_{LFP}) \times CO_{2Echelon}$$

式中 CO_{2r}——年 CO_2 减排量,t;

$Disassemble_{ternary}$——年三元锂电池拆解量,GWh;

   $Echelon_{ternary}$——年三元锂电池梯次利用量,GWh;

     $CO_{2ternary}$——单位三元锂电池碳减排量,t CO_2/GWh;

$Disassemble_{LFP}$——年磷酸铁锂电池拆解量,GWh;

     $Echelon_{LFP}$——年磷酸铁锂电池梯次利用量,GWh;

       CO_{2LFP}——单位磷酸铁锂电池碳减排量,t CO_2/GWh;

   $CO_{2Echelon}$——单位三元锂电池或磷酸铁锂电池在梯次利用过程中产生的碳排放量,t CO_2/GWh。

（6）动力电池循环过程的年度酸排放减量

此变量描述的为引入循环经济手段（拆解或梯次利用）带来的酸排放量的减少值,具体计算公式为:

$$Acid_r = (Disassemble_{ternary} + Echelon_{ternary}) \times$$
$$Acid_{ternary} + (Disassemble_{LFP} + Echelon_{LFP}) \times \tag{7-8}$$
$$Acid_{LFP} - (Echelon_{ternary} + Echelon_{LFP}) \times Acid_{Echelon}$$

式中　　　　$Acid_r$——酸的年减排量，Mole of H^+-eq；

$Disassemble_{ternary}$——年三元锂电池拆解量，GWh；

$Echelon_{ternary}$——年三元锂电池梯次利用量，GWh；

$Acid_{ternary}$——单位三元锂电池酸减排量，Mole of H^+-eq/GWh；

$Disassemble_{LFP}$——年三元锂电池拆解量，GWh；

$Echelon_{LFP}$——年三元锂电池梯次利用量，GWh；

$Acid_{LFP}$——单位三元锂电池酸减排量，Mole of H^+-eq/GWh；

$Acid_{Echelon}$——单位三元锂电池或磷酸铁锂电池在梯次利用过程中产生的酸排放量，Mole of H^+-eq/GWh。

（7）动力电池循环过程水消耗的减少量

此变量描述的为引入循环经济手段（拆解或梯次利用）带来的水消耗量的减少值，具体计算公式为：

$$H_2O_r = (Disassemble_{ternary} + Echelon_{ternary}) \times H_2O_{ternary} + (Disassemble_{LFP} + Echelon_{LFP}) \times H_2O_{LFP} - \quad (7\text{-}9)$$
$$(Echelon_{ternary} + Echelon_{LFP}) \times H_2O_{Echelon}$$

式中　　　　H_2O_r——年消耗水减少量，m^3；

$Disassemble_{ternary}$——年三元锂电池拆解量，GWh；

$Echelon_{ternary}$——年三元锂电池梯次利用量，GWh；

$H_2O_{ternary}$——单位三元锂电池消耗水减少量，m^3-eq/GWh；

$Disassemble_{LFP}$——年磷酸铁锂电池拆解量，GWh；

$Echelon_{LFP}$——年磷酸铁锂电池梯次利用量，GWh；

H_2O_{LFP}——单位磷酸铁锂电池消耗水减少量，m^3-eq/GWh；

$H_2O_{Echelon}$——单位三元锂电池或磷酸铁锂电池在梯次利用过程中的水消耗量，m^3-eq/GWh。

（8）动力电池循环过程的矿石消耗减少量

此变量描述的为引入循环经济手段（拆解或梯次利用）带来的矿石资源消耗量的减少值，具体计算公式为：

$$Mineral_r = (Disassemble_{ternary} + Echelon_{ternary}) \times$$
$$Mineral_{ternary} + (Disassemble_{LFP} + Echelon_{LFP}) \times \quad (7\text{-}10)$$
$$Mineral_{LFP} - (Echelon_{ternary} + Echelon_{LFP}) \times Mineral_{Echelon}$$

式中　　　$Mineral_r$——年消耗矿石减少量，t Sb-eq；

$Disassemble_{ternary}$——年三元锂电池拆解量，GWh；

$Echelon_{ternary}$——年三元锂电池梯次利用量，GWh；

$Mineral_{ternary}$——单位三元锂电池消耗矿石减少量，t Sb-eq /GWh；

$Disassemble_{LFP}$——年磷酸铁锂电池拆解量，GWh；

$Echelon_{LFP}$——年磷酸铁锂电池梯次利用量，GWh；

$Mineral_{LFP}$——单位磷酸铁锂电池消耗矿石减少量，t Sb-eq/GWh；

$Mineral_{Echelon}$——单位三元锂电池或磷酸铁锂电池在梯次利用过程中的矿石消耗量，t Sb eq/GWh。

（9）总资源消耗量

由于仅有矿石资源有完整的年度无循环经济总资源消耗量数据，其余模型均缺少报废环节消耗或排污数据（只有无拆解与拆解后环境收益差值），故使用矿石资源消耗量作为总资源消耗量。

4．引入循环经济手段后的环境效益分析

（1）锂电池循环过程的物料分析

通过Vensim模型对动力锂电池的装机量、梯次利用及拆解量和环境效益进行了关联，各变量间的关系如图7-7所示。

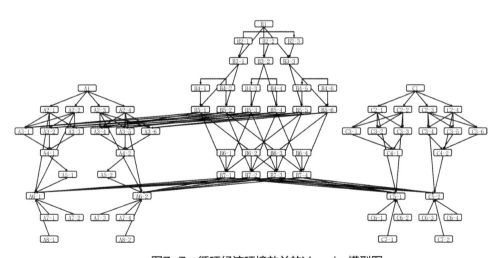

图7-7　循环经济环境效益的Vensim模型图

图7-7注：图中变量含义见表7-10：

图7-7变量含义 表7-10

系数	含义
A1-1	电池生产过程资源利用效率系数
A2-1	单位三元锂电池生产水消耗
A2-2	单位磷酸铁锂电池生产水消耗
A2-3	单位三元锂电池生产资源消耗
A2-4	单位磷酸铁锂电池生产资源消耗
A3-1	年度水消耗（客用车）
A3-2	年度水消耗（乘用车）
A3-3	年度水消耗（专用车）
A3-4	年度资源消耗（客用车）
A3-5	年度资源消耗（乘用车）
A3-6	年度资源消耗（专用车）
A4-1	年度无循环经济总水消耗
A4-2	年度无循环经济总资源消耗
A5-1	年度循环经济下总水消耗
A5-2	年度循环经济下总资源消耗
A6-1	环境收益水消耗
A6-2	环境效益资源消耗
A7-1	单位三元锂电池废品拆解水收益
A7-2	单位磷酸铁锂电池废品拆解水收益
A7-3	单位三元里电池废品拆解回收资源量
A7-4	单位磷酸铁锂电池废品拆解回收资源量
A8-1	梯次利用过程单位水消耗
A8-2	梯次利用过程单位矿石消耗
B1-1	年度动力电池总装机量
B2-1	电池装机比例（客用车）

第 6 章
涉 VOCs 污染源过程工况监控及
可视化数据平台开发项目

第 7 章
基于循环经济理论的锂电池全产
业链分析项目

第 8 章
宝安区工业用地对周边民生项目
环境影响调查研究

第 9 章
基于共享单车的PM2.5
移动监测研究

续表

系数	含义
B2–2	电池装机比例（乘用车）
B2–3	电池装机比例（专用车）
B3–1	电池装机量（客用车）
B3–2	电池装机量（乘用车）
B3–3	电池装机量（专用车）
B4–1	三元锂电池比例（客用车）
B4–2	磷酸铁锂电池比例（客用车）
B4–3	三元锂电池比例（乘用车）
B4–4	磷酸铁锂电池比例（乘用车）
B4–5	三元锂电池比例（专用车）
B4–6	磷酸铁锂电池比例（专用车）
B5–1	三元锂电池量（客用车）
B5–2	磷酸铁锂电池量（客用车）
B5–3	三元锂电池量（乘用车）
B5–4	磷酸铁锂电池量（乘用车）
B5–5	三元锂电池量（专用车）
B5–6	磷酸铁锂电池量（专用车）
B6–1	三元锂梯次利用比例
B6–2	磷酸铁锂梯次利用比例
B6–3	三元锂废品拆解比例
B6–4	磷酸铁锂废品拆解比例
B7–1	三元锂梯次利用回流量
B7–2	磷酸铁锂梯次利用回流量
B7–3	三元锂废品拆解回流量
B7–4	磷酸铁锂废品拆解回流量
C1–1	电池生产过程排放系数
C2–1	单位三元锂电池生产污染排放–CO_2
C2–2	单位磷酸铁锂电池生成污染排放–CO_2

续表

系数	含义
C2-3	单位三元锂电池生产污染排放–酸化
C2-4	单位磷酸铁锂电池生产污染排放–酸化
C3-1	年度生产污染排放（客用车）–CO_2
C3-2	年度生产污染排放（乘用车）–CO_2
C3-3	年度生产污染排放（专用车）–CO_2
C3-4	年度生产污染排放（客用车）–酸化
C3-5	年度生产污染排放（乘用车）–酸化
C3-6	年度生产污染排放（专用车）–酸化
C4-1	年度无循环经济生产污染排放量–CO_2
C4-2	年度无循环经济生产污染排放量–酸化
C5-1	环境收益–CO_2减排效益
C5-2	环境收益–酸减排效益
C6-1	单位三元锂电池废品拆解环境效益–CO_2
C6-2	单位磷酸铁锂电池废品拆解环境效益–CO_2
C6-3	单位三元锂电池废品拆解环境效益–酸化
C6-4	单位磷酸铁锂电池废品拆解环境效益–酸化
C7-1	梯次利用过程单位污染排放–CO_2
C7-2	梯次利用过程单位污染排放–酸化

（2）引入循环经济手段后的环境效益分析

利用建立的锂电池生命周期评价模型评价了引入梯次利用与拆解回收两种循环经济手段后产生的不同环境效益，具体的环境效益包括碳减排效益、水资源消耗削减效益、矿石资源消耗削减效益、酸减排效益等。图7-8~图7-11分别给出了针对碳减排效益、水资源消耗削减效益、矿石资源消耗削减效益的计算结果，由图可见，随着循环经济手段的引入，有助于减少整个生命周期中的碳排放、水资源和矿石资源的消耗。当退役动力锂电池完全采用循环经济的手段进行处理（其中50%进行梯次利用、50%进行拆解回收）时，资源消耗的减少量已

第 6 章

涉 VOCs 污染源过程工况监控及
可视化数据平台开发项目

第 7 章

基于循环经济理论的锂电池全产
业链分析项目

第 8 章

宝安区工业用地对周边民生项目
环境影响调查研究

第 9 章

基于共享单车的PM2.5
移动监测研究

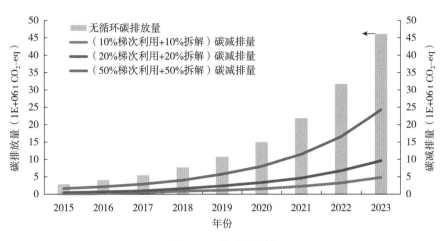

图7-8　碳减排效益

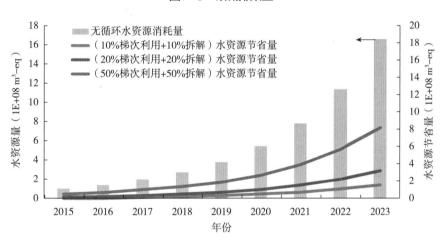

图7-9　水资源消耗削减效益

图7-10　矿石资源消耗削减效益

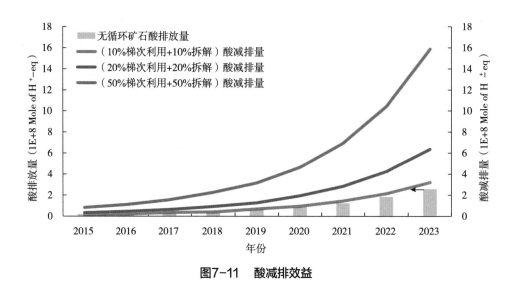

图7-11 酸减排效益

经超过了两年前无循环模式下的资源消耗量,而循环比例为40%时的资源消耗的减少量(减排量)也超过了六年前无循环模式下的资源消耗量(污染排放量)。以上结果有力说明了循环经济在动力锂电池环境可持续发展方面的重要性。

值得注意的是,如图7-11所示,在不经拆解直接报废造成的污染未计入排放量的前提下,循环手段产生的酸减排量在2016年循环比例为20%(梯次利用与废品拆解各10%)时便接近当年生产的酸排放量。在2018年,循环比例为20%时的酸减排量甚至高于当年生产的酸排放量。

(3)梯次利用与拆解回收环境效益对比

梯次利用与拆解回收作为两种主要的对动力锂电池进行循环的技术手段,其减排及资源消耗的效益不同,因此对二者的差异进行了具体的比较,结果如图7-12~图7-15所示。在碳减排效益、水资源消耗削减效益、矿石资源消耗削减效益的模型中,梯次利用收益都远大于废品拆解。在碳减排效益模型中,梯次利用的碳减排量也比废品拆解高出一个数量级。由水资源消耗削减收益的对比可见,2018年100%梯次利用条件下水资源消耗的削减量(2.69E+08m³-eq)相比100%废品拆解这一情景下的削减量要高出两个多数量级(9.55E+05m³-eq)。

以图7-14中2018年为例,当年无循环经济的总矿石资源消耗量高达1899.09t Sb-eq,而仅在实现10%的梯次利用与10%的废品拆解的情况下,可实现的矿石资源消耗减排效益便达196.30t Sb-eq,超过无循环经济手段时消耗

第 6 章

涉 VOCs 污染源过程工况监控及
可视化数据平台开发项目

第 7 章

基于循环经济理论的锂电池全产
业链分析项目

第 8 章

宝安区工业用地对周边民生项目
环境影响调查研究

第 9 章

基于共享单车的 PM2.5
移动监测研究

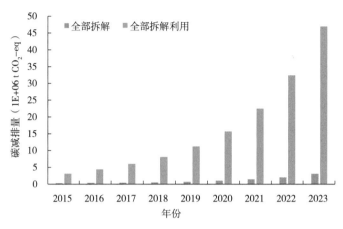

图7-12　拆解和梯次利用的碳减排效益对比

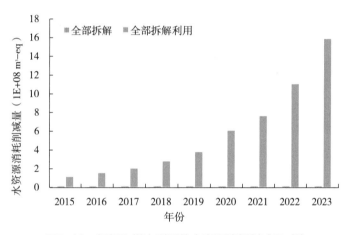

图7-13　拆解和梯次利用的水资源消耗削减量对比

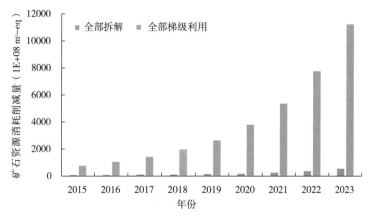

图7-14　拆解和梯次利用的矿石资源消耗削减效益对比

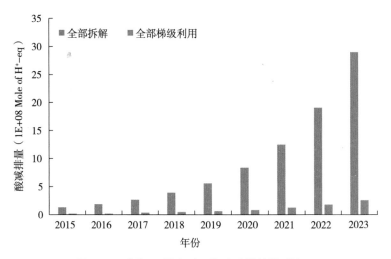

图7-15　拆解和梯次利用的酸减排效益对比

量的10%。但值得注意的是，相比梯次利用，废品拆解矿石资源消耗削减效益并不高，即使全部退役电池都进行拆解，其收益也仅有64.07t Sb-eq，甚至低于10%的梯次利用与10%的废品拆解这一情景下获得的收益。

但特别值得注意的是，在图7-15中，拆解回收带来的酸排放削减效益明显优于梯次利用，其量化数据相差一个数量级，分析是梯次利用工艺中用电量远大于废品拆解所导致（酸排放除用酸外也与用电量有关）。

7.3.3　对动力锂电池循环经济发展的展望

动力锂电池的回收利用方兴未艾，有良好的发展前景，但是目前在利用效率和模式上还存在很大改进的空间，本课题组提出了几种动力锂电池循环再利用的新模式，详述如下。

1. 锂电池梯次利用过程中的电力再利用模式

在锂电池的梯次利用过程中，需要对电池进行分容，即以充放电的方式测算其有效容量，测试完毕释放的电流经过电池及电阻，以热量的形式耗散，未得到有效利用。而电力的再利用模式就是指对这部分电力进行循环利用。因此，课题组成员们构想了将锂电池梯次利用过程中的电能再利用的模式，其利用途径如图

第 6 章
涉 VOCs 污染源过程工况监控及
可视化数据平台开发项目

第 7 章
基于循环经济理论的锂电池全产
业链分析项目

第 8 章
宝安区工业用地对周边民生项目
环境影响调查研究

第 9 章
基于共享单车的 PM2.5
移动监测研究

7-16所示，经过梯次利用环节后的电能用于电解水，获得氢气和氧气，其中氢气可用于发电，电能再次用于退役锂电池的检测，而氧气可以供医院、城市污水处理厂等使用。

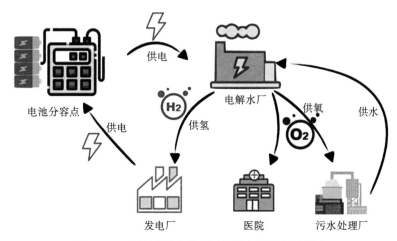

图7-16　锂电池梯次利用过程的电能再利用模式

2．锂电池有效电量智能检测模式

目前退役的动力锂电池集中到梯次利用工厂进行统一处理，在此过程中需要对全部锂电池单元进行充放电监测，将来结合物联网及大数据技术，有望实现锂电池有效电量的智能检测，具体利用模式如图7-17所示。在每辆新能源汽车上加装电量检测单元，在电动汽车行驶过程中就可以对电池组的有效电量进行检测，并借助物联网技术，将检测结果上传至远端服务器，经过服务器的数据分析，识别需更换的电池组，并及时通知车主，通过该技术可以实时监控各电池组的工作状态，并对故障电池组进行溯源和剔除，对完好单元进行拆解重组，而无需对全部电池组进行老化检测，节省了电能的使用。

3．快速换电模式

现阶段制约电动汽车使用的一个瓶颈就是充电问题，一辆普通四座乘用电动车，若将电池全部充满在最大充电功率下约需要3~4h，若是在常用充电功率下则需要十几个小时，这严重限制了电动汽车的一次行驶距离。因此，课题组成员认为应该大力推广快速换电模式，快速换电模式类似燃油车的加油，其工作原理如图7-18所示。通过这一模式，实现电池与车辆的分离，建立覆盖面广的换电

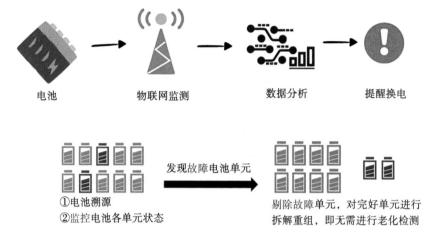

图7-17　锂电池有效电量智能检测模式

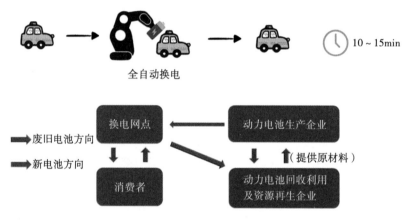

图7-18　快速换电模式

站，电动汽车可以在换电站进行电池的快速更换，这一过程由自动化设备完成，可以使整个换电过程缩短为10～15min甚至更短。这种模式下的换电过程所需时间与机动车加油时间相当，因此可以使电动车在更广的范围内行驶，更换下的电池可以在换电站或者动力电池生产企业以最佳工况下进行充电，能够延长电池寿命，及时发现故障电池组并进行更换。

锂电池的循环利用还有很多新的模式有待挖掘，通过创新思维将这些模式进行推广，可以更加高效和低碳地对锂电池进行循环再利用。

第 6 章

涉 VOCs 污染源过程工况监控及
可视化数据平台开发项目

第 7 章

基于循环经济理论的锂电池全产
业链分析项目

第 8 章

宝安区工业用地对周边民生项目
环境影响调查研究

第 9 章

基于共享单车的 PM2.5
移动监测研究

7.4 导师点评

锂电池行业在我国得到了快速发展，由此带来的退役动力锂电池的处理和再利用也成为社会关注的问题。本小组对锂电池的全生命周期过程进行了研究，重点关注了将拆解回收和梯次利用这两种循环利用模式引入锂电池生命周期后产生的环境效益。小组成员分工合作，展现出了优异的团队协作能力。通过他们的研究，证明了循环利用技术对锂电池生命周期产生了积极的环境效益。小组成员也基于创新思维，提出了几种锂电池循环利用的新模式，其观点新颖且不乏可行性。整体而言，本小组的研究结果令人耳目一新。

7.5 学生感悟

在本课程中，通过一个学期的调研、学习、分析，我对锂电池行业、新能源汽车行业有了更深的了解，对锂电池梯次利用的环境评价更让我对循环经济有了更透彻的理解，所谓循环经济即做好"物尽其用"四字，为了这四字去优化每一个产品生命周期的各个环节，在有限资源和环境承载能力下实现人民对美好生活的向往。我也在本次课程中体会到团队合作带来的合力是多么强大，创新和想法在小组成员间激荡，完成了一个又一个的挑战。感谢本次课程，感谢我的队友！

——同学A

本次课程项目是我大学所学知识的一次全面应用实践。在课程中我以环境人的角度去观察行业的发展轨迹，从实际数据和专业知识出发去发现行业中存在的问题，分析这些问题并尝试着给出解决方案。而在项目中，我也进一步了解了环境、社会、经济之间密不可分的联系，更深刻地理解了自己的专业对于国家和社会发展的意义。

——同学B

我们组进行的课题是关于锂电池的梯次回收利用。首先，以前的我只是对锂电池行业有些许兴趣，通过一个学期的调研、资料查询、模型建立、展览参观以及报告撰写，我对锂电池行业有了更深入的了解和理解。锂电池与我们的生活息息相关，它与社会、环境、经济等方面又有着非常紧密的联系。其次，我们小组的课题属于半开放式，这锻炼了我们小组自由探索课题主体方向，并且不断完善课题内容的能力。最后，通过一学期的小组合作，也提高了我们的分工协作、协调进度，以及高效完成任务的能力。

——同学C

在这学期开始我主要是做会议记录、周报和文章排版等工作。本学期组员的任务和压力都很大，周报作为大家每周向老师汇报工作的主要途径，我一直都担心周报内容不能够体现组员们的工作量。在周报的编辑中，我也越来越能够熟练地运用各类软件。同时，我对锂电池产业也有了很多新的认识，从锂电池的生产到最终废弃，每一个环节生产或处理的不规范都会对环境产生巨大的影响。同样，锂电池的梯次利用也能够产生巨大的环境效益。希望我们小组的锂电池全产业链报告能够为锂电池产业的未来发展作出贡献。

——同学D

通过这门课程一个学期的学习，我对锂电池的生命周期、应用终端和市场规模有了一个系统的认识；见识到了循环经济实体企业的经营方式；在团队合作、写作规范化等方面也有了长足的进步。在写作和查找资料的过程中，我还学习到了对于国家标准以及行业专业信息的快速检索方法，这些都是非常宝贵的方法和经验，对我未来的学习和工作有很大的帮助。

——同学E

第 6 章

涉 VOCs 污染源过程工况监控及
可视化数据平台开发项目

第 7 章

基于循环经济理论的锂电池全产
业链分析项目

第 8 章

宝安区工业用地对周边民生项目
环境影响调查研究

第 9 章

基于共享单车的PM2.5
移动监测研究

通过这学期的创新设计课程，我学习到了如何切入一个题目，如何深入地了解并且在其中注入自己的想法。当然一个人是做不到的，在组长的带领下，和小组成员一起进行头脑风暴，分工合作，如何更好地互相配合，是我从这门课学习到的另一个方面。也学习到了如何书写一篇论文，不仅是书写格式的规范化，也有如何去口头化。这门课给了大家更多自由来学习不同的知识和技能，不仅包括专业知识，还包括与企业工作人员沟通的技巧，收获非常大。

——同学F

本章参考文献

［1］李思愚，岳丽，罗玉良. 浅析我国新能源汽车发展前景与问题［J］. 新能源汽车，2019（5）：84-85

［2］江凯. 基于梯级利用的新能源汽车动力电池回收利用研究［J］. 蓄电池，2019，56（2）：51-54，96.

［3］搜狐. 锂动力电池回收及梯次利用深度报告［EB/OL］. 北京：搜狐网，2019-09-18［2019-12-10］. https://www.sohu.com/a/341688836_9989353.

［4］乔敏，张海朗. 锂离子电池正极材料LiNi_xCo_（1-2x）Mn_xO_2的制备及化学性能［J］. 稀有金属材料与工程，2009，38（9）：1667-1670.

［5］2019年动力电池回收行业需求情况、回收市场规模分析与预测［J］. 资源再生，2019，4：36-37.

［6］金栖凤. GaBi软件在环境影响评价中的应用［D］. 苏州：苏州科技学院环境科学与工程学院，2015.

［7］莫愁，陈吉清，兰凤崇. 车用锂离子电池能量密度影响因素研究进展［J］. 汽车零部件，2012，3：59-62.

第 8 章

宝安区工业用地对周边民生项目环境影响调查研究

8.1

课题背景

在现代城市的快速发展过程中，为了城市发展转型和快速发展的需要，常对已有的用地进行"城市更新"，从而会导致各种用地间距过小，用地功能相互影响，乃至影响居民的健康等。在深圳的城市更新过程中，深圳市工业大区宝安区出现了一些不合理的用地，对周边居民生活产生了影响。因此本项目选取了典型城市更新中出现违规改造的区域作为案例，通过噪声、废气两方面指标，并尝试设计问卷调查当地居民的实际感受，旨在尽可能量化工业用地对周边民生项目的影响大小，并希望能对政府部门的城市更新和城市规划工作起到一定的指导作用。

8.1.1　研究意义

近年来，随着我国城市发展逐步由粗放式扩张转向内涵式增长、从增量开发转变为存量开发，城市更新已成为城市发展的重要手段[1]。2010年之后，深圳市通过"城市更新""三旧改造"，对现有建成区进行升级、改造、清退。根据深圳市城市更新"十三五"规划，深圳城市更新则进一步细分为城中村改造、旧工业区改造、旧住商混合区改造，主要内容有：

（1）旧工业区目标为升级产业，尽可能通过改建、环境整治以及用途的改进，提供转型余地。

（2）旧城区以优化居住环境与完善配套设施为目标，以综合整治为手段融合商住设施，发展多元化混合地带。

（3）城中村主要目标为生活配套基础设施的改善完备和环境情况的治理，综合整治辅以改建的手段，引导村集体用地升级转型。

就深圳市而言，除一般旧工业区的更新改造外，大量"未合法"的工业用地

是城市更新过程中的一大难点。"未合法"工业用地的产生是由于农村集体所有
的旧工业区是原村镇自发建设的，在建设过程中涉及租地、卖地、租厂房、卖厂
房等非正式的产权流转行为。"未合法"的工业用地在村镇旧工业区中的比例较
高，并且大部分的"未合法"工业用地通常都与当地的民生项目混杂分布，因此
对"未合法"的工业用地进行更新改造是城市更新的必然要求。但由于《深圳市
城市更新办法》等改造政策都强调"确权"是改造"未合法"工业用地的基本前
提和必要条件，而大部分"未合法"工业用地难以确权，无法满足改造的硬性条
件。深圳目前仍旧存在大量"未合法"的工改建筑，因此对城市更新相关标准的
前期研究亟待开展。

　　宝安区是深圳市的工业产业大区，工业控制线划定范围总规模超过70km^2，
区内大量建成区用地已开发建设为工业区用地。随着城市更新"工改居""工改
商"等项目建设，导致一些住宅、商业、学校、医院等民生项目紧邻工业用地，
使得"达标扰民"现象日益严重，即工厂企业排放的污染物虽然符合国家或地方
标准[2]，而与之相关的居民自身感受认定其已影响了民众生活，其原因主要是
在噪声污染和废气污染。

　　（1）噪声、废气的卫生防护距离没有达到规定要求。可能部分地区在未规划
产业布局下开发居民区，以相对低廉的价格出售，使得居民住宅与企业距离未满
足卫生防护要求，尤其在作为工业大区的宝安区，与工厂毗邻的居住小区或单元
楼居民极容易产生"达标有扰"。

　　（2）达标排放与人体感官之间的适应性与差异性。达标排放容易受到时间、
天气、风向等影响。在技术指标上，我们可以对照不同嗅觉阈值（引起人嗅觉感
觉最小刺激的物质浓度或稀释倍数称为人的嗅觉阈值）来进行特定污染物的污染
影响范围[3]。

8.1.2　研究内容

　　本课题围绕城市更新背景下，工业用地与民生项目的选址讨论中，如何减少
工业噪声和废气"达标扰民"问题展开，结合深圳市宝安区的居住、商业、学
校、科研、医疗等民生项目，以其周边工业项目规划布局而产生的环境信访、投

诉、举报突出问题作为研究对象，开展监测、走访调研和分析研究，提出合理的工业项目规划及环保措施等建议。

2019年12月生态环境部修订印发了《规划环境影响评价技术导则总纲》HJ130-2019，要求评估不同规划实施情景下，建设项目对环境空气质量、声环境的影响，明确影响范围、程度，评价环境质量的变化情况。本项目由此出发进行实地调研环境目标要求，从宝安区的典型案例出发提出研究框架及方法。研究内容主要包括：（1）分析宝安区主要工业行业类型，根据各行业污染排放特征，识别环境影响较大的工业行业；（2）结合宝安区法定图则和地图软件，识别宝安区主要工业用地分布区域和环境影响较大的工业用地地块；（3）设计环境影响调查问卷，通过现场踏勘和调研周边住户相结合，确定不同类型工业用地的环境问题（废气、噪声）和环境影响范围；（4）依据调查研究结果，针对民生项目规划选址提出与污染型工业用地合理的间隔距离。

8.2 | 研究方法与调查结果

本次调查依次通过分析主要工业行业类型、识别工业用地分布区域和对环境影响较大的工业用地地块以及确定工业用地的环境影响程度和范围等步骤对宝安区工业用地对周边民生项目的环境影响进行调查研究。其中，分析主要工业行业类型发现，噪声和废气是主要环境影响因素。而为了更加精确地确定工业用地的环境影响程度和范围，将从社会调查、仪器监测和模型分析三个维度，对典型微观区域的环境影响程度和范围做出评价，如图8-1所示。

通过声场监测、废气监测和问卷调查三种数据收集方式，以问卷调查数据作为辅证（实际效果不理想），从而建立声场模型和废气（VOCs、PM2.5）位置信息浓度分布图，探究其在噪声、废气尺度上的环境影响范围，得出环境影响范围图，最后针对民生项目规划选址提出与污染型工业用地合理的间隔距离，如图8-2所示。

第 6 章
涉 VOCs 污染源过程工况监控及
可视化数据平台开发项目

第 7 章
基于循环经济理论的锂电池全产
业链分析项目

第 8 章
宝安区工业用地对周边民生项目
环境影响调查研究

第 9 章
基于共享单车的PM2.5
移动监测研究

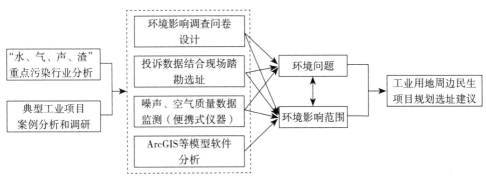

图8-1　本项目研究方法规划图

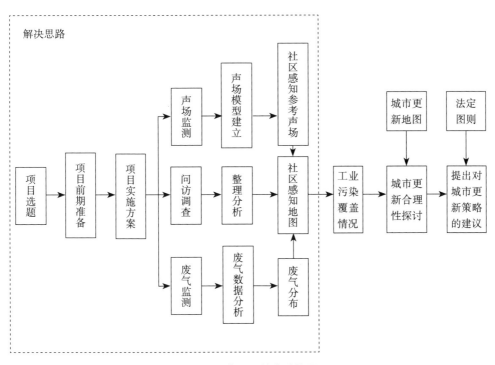

图8-2　本项目技术路线图

8.2.1　分析行业类型

为了确定宝安区主要的工业行业类型，我们查阅深圳市宝安区2017年统计年鉴[4]，从中获取了2017年宝安区前十大工业行业类型信息，见表8-1。同时分析2019年1～7月宝安区工业污染信访投诉情况，从中筛选得出有效投诉信息，判断被投诉对象的工业类型。从而在十大工业行业类型中识别得出五种环境影响较大的行业，分别为电子设备制造业、电气机械和器材制造业、通用设备与专用设备制造业、橡胶和塑料制造业、金属制品业，见表8-2。

2017年宝安区前十大工业行业类型信息 表8-1

行业类型	企业数量（个）		2017年行业类型占比（%）
	2017年	2016年	
通信设备、计算机及其他电子设备制造业	941	860	51.9
电器机械和器材制造业	387	367	17.2
通用设备制造业	134	111	4.8
专用设备制造业	117	122	4.8
橡胶和塑料制品业	172	175	4.0
金属制品业	143	138	2.6
化学原料和化学制品制造业	16	58	1.8
汽车制造业	55	13	1.8
仪器仪表制造业	62	52	1.5
印刷和记录媒介复制业	37	38	1.4
前10类合计	2064	1934	91.8

五种环境影响较大的工业行业类型及其污染排放特征 表8-2

主要行业类型	污染排放特征
电子设备制造业	有机废气、酸碱废气
电气机械和器材制造业	噪声
通用设备与专用设备制造业	噪声
橡胶和塑料制造业	挥发性有机物
金属制品业	粉尘

8.2.2　识别工业用地分布

结合宝安区法定图则和ArcGIS等地图软件的使用，我们将宝安区的工业用地和民生项目用地进行可视化的地图分析，识别出宝安区主要的工业用地分布区域，如图8-3所示。

同时根据宝安区所有的投诉信息，将宝安区投诉量最大的西乡街道和沙井街道确定为主要研究区域，并做图识别其中环境影响较大的工业用地区块，为实地考察提供选址参考。图8-4和图8-5分别是沙井街道工业区和西乡街道工业区中民生项目和工业区区块的整体分布图，从图中可以看出，在部分区块中，工业用地和民生项目用地是紧邻的。

图8-3　宝安区工业区与民生项目分布图　　**图8-4　沙井街道工业区与民生项目分布图**

8.2.3　调查环境影响

1. 模型分析

为了解调研区域的噪声产生和分布情况，通过调节噪声声源和现场主要介质

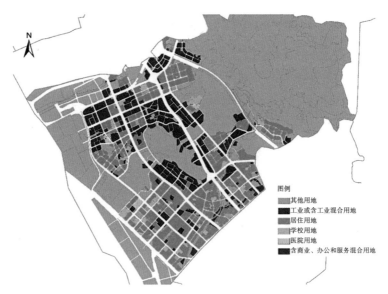

图例
其他用地
工业或含工业混合用地
居住用地
学校用地
医院用地
含商业、办公和服务混合用地

图8-5 西乡街道工业区与民生项目分布图

参数的方式，对调研区域噪声声场做出理论模拟。

使用由石家庄环安科技有限公司提供的环安噪声环境影响评价系统Noisesystem，模拟调研区域的物理环境，特别是建筑物，设置环境及其介质吸收等参数[5]。然后，根据工业风机噪声信息[6]，设置噪声源声级，记录工业区潜在声源和实际现场情况，预估噪声模拟声值，得到理论噪声分布，如图8-6所示。

2. 噪声数据监测

现场监测是指使用特种环境污染因素测量仪器和设备，参考相关国家标准监测方法对特定监

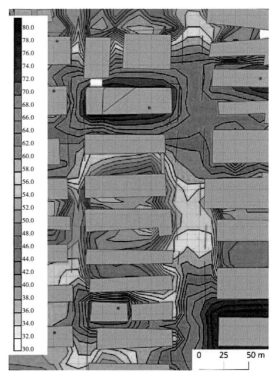

图8-6 宝安区西乡街道宝田三路工业区噪声预估
模拟图

测区域采取科学合理的方法进行噪声和废气的监测，以期得到监测区域环境影响的客观评价。

使用由Bentech公司提供的型号为GM1357的噪声声级计，前往调研现场监测噪声。根据调研实际情况的限制，无法进行长时间采样，因此参考工业企业厂界噪声标准测量方法，选择进行近似稳态噪声的监测，在每个监测点进行连续监测，读数100次后计算等效声级。

在采样点的布置上，选择了网格式布点的近似方案，尽可能对齐和均匀地布置监测点。由于无法进入部分厂区和居民区，监测点位未能完全对调研区域进行网格式覆盖。点位共计44个，布置原则为主干道每隔固定距离定点，并在每一段可以进入的建筑间小路设置两个监测点，在工作量受限的情况下尽可能反映整个区域的噪声分布。

噪声数据经过处理后，进行图表制作，同时使用普通克里金空间插值（Universal Kriging）方法建立插值模型，对整体噪声分布进行估计。

3. 空气质量数据监测

使用由深圳市可飞科技有限公司提供的超细网格大气移动监测设备Sniffer4D灵嗅Version 1，前往调研现场，进行空气质量监测。根据其使用说明，主要监测空气中VOCs、PM1、PM2.5、PM10。监测过程中，本组采用了电动自行车代步携带仪器进行调研区域的慢速环绕，监测仪器在行进过程中可以进行自动采样并将数据实时传回。环绕过程中，调研人员尽可能进入所有能进入的小巷进行采样。

现场监测完毕后，使用灵嗅Version 1配套的数据可视化与分析软件Sniffer4D Mapper处理数据，生成对调研区域的废气点位和废气平均值的可视化结果。经过处理后的数据进行汇总，使用普通克里金空间插值法进行整体分布的估计。

4. 社会调查

社会调查是指通过问卷调查的方法了解人在工业区周边的民生社区中的主观感受，判断工业用地"达标扰民"的程度。在本次社会调查中，分别针对当地居民和前往实地考察的志愿者进行问卷调查。

问卷设计：根据调研区域实际情况，针对调研区域及其周边情况，结合调查目的、问卷分析方法以及整体调查方法的要求进行问卷设计。

对于当地居民，问卷设计主要以了解当地社区噪声和废气的影响程度、类型、位置和时段等方面内容为主，按情景和问题验证等逻辑编排问题选项，详情见第8章末"西乡街道环境质量问卷调查"。

对于志愿者，参考Aiello等人的研究工作[7]，进行问卷设计。与当地居民的调查问卷不同的是，该实验以人为监测手段（Human Sensor），志愿者直接面对环境噪声和废气的感受进行打分，以研究人体对噪声和废气污染源周边不同位置的主观感受。然而，由于时间和经费限制，该工作仅停留于设想阶段。

调查方式：本次调查采用两种方式并行：（1）对当地居民采用随机采样，对整片调查区域进行分区，并在各区域内由组员随机地选取路过以及周边居住、开店的市民进行问访，主要以纸质问卷和口头询问相结合的方式，尽可能引导居民给出关于工业污染影响的回复。该方案存在问卷回收率和有效率较低的问题，但是可以直观反映长期生活于当地可能存在污染情况下的受试者对当地工业的感受，有助于衡量监测数据的可靠性以及当地可能存在的环境污染对长期生活居民的影响。（2）对志愿者全部进行调查，根据志愿者活动设计目标，志愿者充当了对环境污染未适应的受试群体，在志愿者对调查区域进行自由走访后，我们将以电子问卷的形式对志愿者进行问访。该方案可以得到较高的问卷回收率和有效率，并且增加了未适应人群对可能存在的环境污染较敏感的第一感受，对衡量当地工业污染情况有较大帮助。

8.3 小结与讨论

8.3.1 主要工业类型和调研选址

统计数据表明，电子工业，包括电子设备制造业、电子机械和器材制造业为宝安区的主导行业，产量总值均达到千亿元以上（图8-7）。其中电子设备

第 6 章
波 VOCs 污染源过程工况监控及
可视化数据平台开发项目

第 7 章
基于循环经济理论的锂电池全产
业链分析项目

第 8 章
宝安区工业用地对周边民生项目
环境影响调查研究

第 9 章
基于共享单车的 PM2.5
移动监测研究

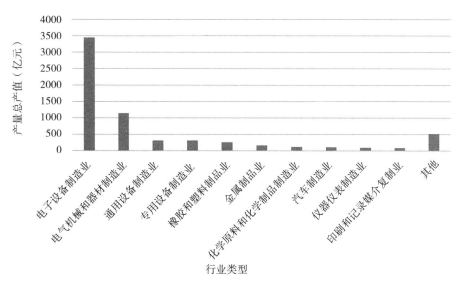

图8-7 宝安区不同行业工业产量总值

制造业产量总值高达3449.15亿元，占宝安区工业总产量的51.9%，企业数量高达941家；电子机械和器材制造业产量总值为1143.34亿元，占宝安区工业总产量的17.2%，企业数量为387家。除此之外，通用设备制造业、专用设备制造业、橡胶和塑料制品业、金属制品业、化学原料和化学制品制造业、汽车制造业这六种工业产量总值均高于百亿元，分别为321.01亿元、316.22亿元、266.86亿元、173.39亿元、121.15亿元、117.27亿元，占宝安区工业总产量的1.8%~5%，企业数量均在200家以内（图8-8）。综上所述，电子工业为宝安区最主要的工业类型。综上所述，宝安区工业生产可能产生的环境污染为声污染和大气污染（包括有机废气污染、颗粒物污染等）。

此外，如图8-9所示，在2019年1月~7月期间，从宝安区十大街道执法队处理的投诉案件总数中可以看出，沙井执法队处理关于废气与噪声投诉请求频率最高，达到188起；西乡执法队处理废气与噪声投诉总案件数与沙井街道不相上下，共186起。燕罗街道、福永街道执法队处理群众噪声与废气的投诉案件次数相对较少，其中福永街道处理的频率最低，仅有52次。其他街道执法队在这七月期间处理的投诉案件总数均在120起左右。

由图8-9可知，沙井街道与西乡街道都是废气和噪声投诉的集中区域。图

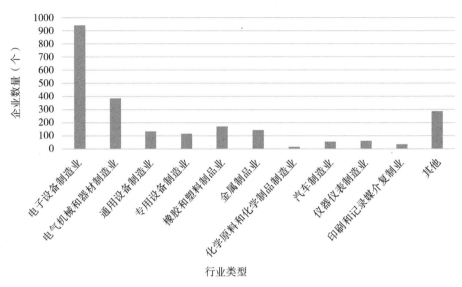

图8-8　宝安区不同行业工业企业数量

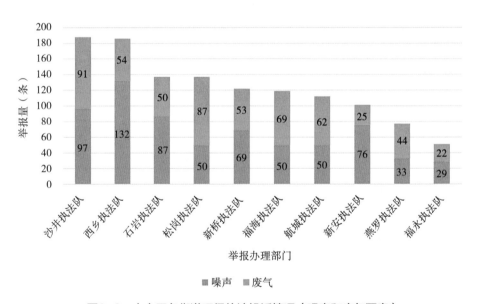

图8-9　宝安区各街道环保信访投诉情况（噪声和废气要素）

8-10和图8-11表明，两个街道的区别在于沙井街道的工业分布更为有序，民生区与工业区有着明显的分割线；图8-12和图8-13表明，西乡街道工业分布凌乱复杂，并且常与民生区混杂。为了更好地研究工业用地对周边民生项目的环境影

第 6 章

涉 VOCs 污染源过程工况监控及
可视化数据平台开发项目

第 7 章

基于循环经济理论的锂电池全产
业链分析项目

第 8 章

宝安区工业用地对周边民生项目
环境影响调查研究

第 9 章

基于共享单车的 PM2.5
移动监测研究

图8-10　宝安区大气投诉空间分布

图8-11　宝安区噪声投诉空间分布

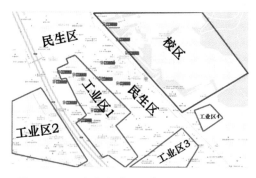

图8-12　西乡街道（部分）工业区、民生区
分布图

图8-13　沙井街道（部分）工业区、民生
区分布图

响，选择西乡作为初步研究对象。通过多次的现场踏勘与踩点，最终选择了位于
西乡街道宝田三路的宝田工业区进行噪声与空气质量监测。宝田工业区位于深圳
市宝安区西乡宝田三路，格局分布特点为工业区与住宅区混杂，东部靠近平峦山
公园，主要工业为电子工业与橡胶工业。

8.3.2 现场调研结果

宝田工业区是典型的工业区与民生区混合地区，并且工业区东侧拥有良好的背景环境（平峦山），如图8-14所示。为了更好地研究电子工业与橡胶工业对该区域民生区的影响。对宝田工业区进行了噪声与空气质量（PM1、PM2.5、PM10）监测。

1. 噪声监测结果

如图8-15所示，共选取了44个噪声监测位点，其中点位1~18位于宝田三路两侧，且点位1、3、5、7、9、11、13、15、17为靠近声源的一侧，点位2、4、6、8、10、12、14、16、18位于声源对侧；点位21~36位于宝田一巷两

图8-14 西乡街道宝田三路宝田工业区

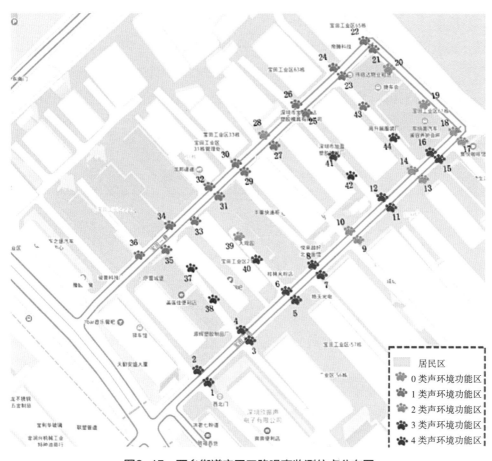

图8-15　西乡街道宝田三路噪声监测位点分布图

侧，点位37-44位于工业区建筑之间，点位19、20位于工业区东面，紧邻平峦山，见表8-3。

　　根据噪声监测数据，点位19噪声污染级为52.7dB，为宝田工业区噪声监测的最小值；点位20噪声污染级为53.3dB，均小于55dB，属于0类声环境功能区，即点位19与点位20所在区域为十分安静的区域。宝田一巷属于1类声环境功能区（55~60dB），属于较为安静的区域。宝田三路两侧点位9、10、13、14、17、18的噪声污染级均属于2类声环境功能区（60~65dB），即该区域的声环境满足正常的人类活动。余下的12个点位的噪声污染级都在3类声环境功能区（65~70dB），即可能会对正常人类活动带来干扰，需要采取噪音防护措施。对于工业区建筑之间的点位，点位37、38、42均大于70dB，属于4类声环境功能区，说明该区域的噪声会严重影响正常的人类活动，需要采取噪音防护措施。宝田三路点位1、3、17一侧主要工业为电子工业区，点位42附近为一家橡胶工业工厂，声环境均较恶劣，需要采取措施进行降噪处理；而宝田一巷由于房子的阻隔，声环境良好。综上所述，电子工业区与橡胶工业区均会产生噪声污染，影响人们的正常生活。

西乡街道宝田三路噪声数据 表8-3

地点	L10	L50	L90	累计百分数声级	噪声污染级	地点	L10	L50	L90	累计百分数声级	噪声污染级
1	66.0	62.9	60.4	63.4	69.0	2	65.1	62.5	59.5	63.0	68.6
3	67.8	64.2	61.5	64.9	69.2	4	65.8	63.5	61.2	63.9	68.5
5	63.3	59.9	57.9	60.4	67.0	6	64.6	60.2	58.2	60.9	67.3
7	65.1	60.9	58.9	61.5	68.0	8	64.8	60.3	58.4	61.0	67.4
9	62.9	59.0	57.2	59.5	64.7	10	60.6	57.2	55.4	57.7	62.9
11	61.5	58.2	56.3	58.7	65.3	12	62.2	58.4	55.8	59.1	65.5
13	62.6	58.0	56.4	58.6	64.1	14	60.2	57.0	54.6	57.5	63.1
15	64.3	58.9	54.6	60.5	68.3	16	62.0	56.3	53.7	57.4	65.7
17	60.7	56.7	54.1	57.4	62.2	18	58.6	55.5	53.5	55.9	61.0
19	50.9	47.0	45.7	47.5	52.7	20	51.7	49.6	48.2	49.8	53.3
21	54.8	53.3	52.1	53.4	56.1	22	54.2	52.7	51.8	52.8	55.2
23	58.5	56.8	55.5	57.0	60.0	24	57.8	56.3	55.5	56.4	58.7
25	57.8	55.5	53.9	55.8	59.7	26	57.9	56.1	55.0	56.2	59.1
27	54.9	52.8	52.0	52.9	55.8	28	59.1	53.2	52.2	54.0	60.9
29	56.6	54.1	53.5	54.3	57.4	30	55.7	54.5	53.5	54.6	56.8
31	55.1	53.9	53.5	53.9	55.5	32	58.1	56.0	54.9	56.2	59.4
33	55.6	53.6	52.4	53.8	57.0	34	58.3	55.1	54.1	55.4	59.6
35	58.3	56.7	55.7	56.8	59.4	36	56.9	56.2	55.7	56.2	57.4
37	66.6	65.3	64.2	65.4	71.5	38	70.0	66.9	64.3	67.4	73.1
39	62.0	55.9	54.5	56.8	64.1	40	62.6	57.7	55.3	58.6	65.9

续表

地点	L10	L50	L90	累计百分数声级	噪声污染级	地点	L10	L50	L90	累计百分数声级	噪声污染级
41	63.7	56.1	52.4	58.2	69.5	42	64.5	53.7	50.0	57.2	71.7
43	56.3	54.4	51.7	54.8	59.4	44	59.4	55.5	51.0	56.7	65.1

注：1. L10、L50、L90、累计百分数声级、噪声污染级的单位是分贝（dB）；
　　2. L10表示有10%的时间超过的噪声级，相当于噪声的平均峰值；
　　3. L50表示有50%的时间超过的噪声级，相当于噪声的平均值；
　　4. L90表示有90%的时间超过的噪声级，相当于噪声的本底值。

2. 空气质量监测结果

宝田工业区主要的工业类型为电子工业与橡胶工业，这两个工业在生产过程中，会产生有机废气与颗粒物。经过校验（图8-16），Sniffer 4D 灵嗅大气移动监测系统的PM2.5与PM10监测结果与超级监测站的结果线性相关，R^2为0.95和0.88。

由图8-17～图8-22可知，宝田工业区的PM1、PM2.5、PM10、VOCs浓度都较高。其中PM1的浓度范围为31～58μg/m³，PM10的浓度范围为

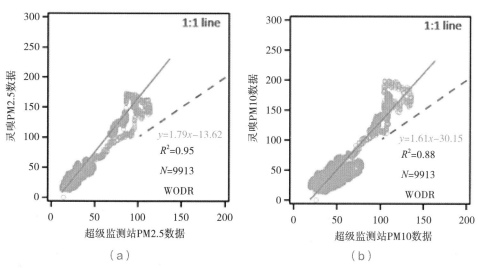

图8-16　大气移动监测系统与科学级超级空气监测站的数据相关性（μg/m³）
（a）PM2.5；（b）PM10

图8-17　西乡街道宝田三路PM1（μg/m³）
网格图

图8-18　西乡街道宝田三路PM1（μg/m³）
等值分布图

图8-19　西乡街道宝田三路PM2.5（μg/m³）
网格图

图8-20　西乡街道宝田三路PM2.5（μg/m³）
等值分布图

图8-21　西乡街道宝田三路PM10（μg/m³）
网格图

图8-22　西乡街道宝田三路PM10（μg/m³）
等值分布图

图8-23　西乡街道宝田三路VOCs（μg/m³）
网格图

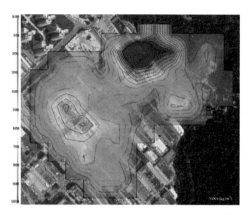

图8-24　西乡街道宝田三路VOCs（μg/m³）
等值分布图

56～94μg/m³，P的浓度范围为52～87μg/m³，VOCs的浓度范围为23～2141μg/m³。颗粒物（PM1、PM2.5、PM10）浓度分布上具有相似性，在工业区附近高，非工业区附近低。

由图8-23和图8-24可得，VOCs的浓度分布呈现显著的行业相关性，在电子工业和橡胶工业区域附近浓度较高，尤其是橡胶工业区附近，高达2140μg/m³，说明宝田工业区的电子工业与橡胶工业生产过程中会产生颗粒物与大量的挥发性有机物，容易对空气造成污染，图中紫色区域为浓度达到1000μg/m³以上的区域。

8.3.3　工业区噪声、空气质量分级讨论

在本项目中，通过声场监测和废气监测数据的收集，从而建立声场模型和废气（VOCs、PM2.5）位置信息浓度分布图，进行噪声、废气的分级探究，最终在调研区域将达标区域进行整合，得出最佳民生项目与污染型工业用地（以噪声、废气为主）的间隔距离，探究宝安区工业区在噪声、废气尺度上的环境影响范围，为以后民生项目选址提供参考依据。表8-4是工业区噪声分级标准，参考了《声环境质量标准》GB 3096-2008。

时段 声功能区类别	昼间（dB）	夜间（dB）
0类	50	40
1类	55	45
2类	60	50
3类	65	55
4类	70	55

《声环境质量标准》GB 3096-2008中环境噪声限值　　表8-4

其中，1类适用于以居住、文教机关为主的区域；2类适用于居住、商业、工业混杂区；3类适用于工业区；4类适用于城市道路交通干线道路两侧区域等。

通过测量宝田三路工业区的调研区块布点噪声值，对于现场踏勘所得44个点，每个点100个值测量，数据处理得到L10（平均峰值，dB）、L50（平均值，dB）、L90（本底值，dB）、累计百分数声级（dB）和噪声污染级（dB），利用Matlab进行每项数据的克里金插值分布效果图，如图8-25~图8-29所示。

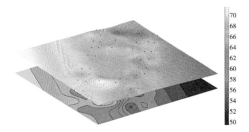

图8-25　L10（dB）的克里金插值分布
效果图

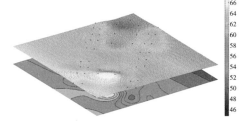

图8-26　L90（dB）的克里金插值分布
效果图

图8-27　L50（dB）的克里金插值分布
效果图

图8-28　累计百分数声级（dB）的克里金
插值分布效果图

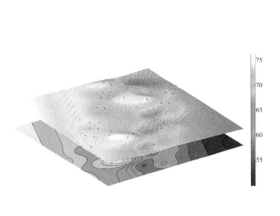

图8-29　噪声污染级（dB）的克里金插值分　　　图8-30　宝田三路地区噪声监测克里
　　　　布效果图　　　　　　　　　　　　　　　金插值模型分级距离结果图

　　采用噪声平均值L50，利用克里金插值法，将数据在GIS中可视化，如图8-30所示。图中红色区域有一明显的噪声来源。通过上述国家标准进行分级，共分为四种标准：达到居住区标准（<55dB）；达到混杂区标准（<60dB）；达到工业区标准（<65dB）；超标（>70dB）。从噪声分级中，通过等值线距离取点测量，能得出工业区噪声的环境影响范围及程度，从噪声声源至达到混杂区标准的间隔距离需达到60m以上，从噪声声源至达到混杂区标准的间隔距离需达到100m以上。

《环境空气质量标准》GB3095-2012中颗粒物浓度限值　　　表8-5

污染物项目	平均时间	一级浓度限值	二级浓度限值	单位
颗粒物（粒径小于或等于10μm）	24h平均	50	150	μg/m³
颗粒物（粒径小于或等于2.5μm）	24h平均	35	75	μg/m³

　　如表8-5所示，其中通过空气质量移动监测设备测得调研区域PM2.5、PM10和VOCs的地理信息对应数值，所得结果图已在第8.3.2节中显示。同时，利用

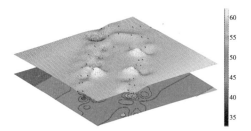

图8-31　调研地区PM1（μg/m³）监测克
里金插值模型效果图

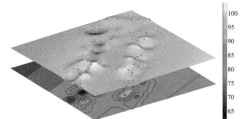

图8-32　调研地区PM10（μg/m³）监测克
里金插值模型效果图

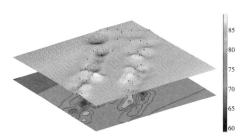

图8-33　调研地区PM2.5（μg/m³）监测
克里金插值模型效果图

图8-34　调研地区VOCs（μg/m³）监测克
里金插值模型效果图

Matlab进行空气质量数据的克里金插值分
析，如图8-31~图8-34所示。

　　由于PM10的数值范围基本全部符合
国家标准，VOCs的数值目前还没有明
确的国家标准，所以笔者主要利用调研
地区PM2.5来进行克里金插值分析，利
用GIS的方法进行分析。在国家标准中，
颗粒物（粒径小于或等于2.5μm）的二
级标准为75μg/m³，以二级标准为界限，
分为达标区域和轻度污染区域，得到
图8-35。

　　从图8-35可以看出，有两块较为
明显的红色区域（下方和左侧）显示出

图8-35　宝田三路地区PM2.5（μg/m³）
监测克里金插值模型分级图

第 6 章
涉 VOCs 污染测过程工况监控及
可视化数据平台并发项目

第 7 章
基于循环经济理论的锂电池全产
业链分析项目

第 8 章
宝安区工业用地对周边民生项目
环境影响调查研究

第 9 章
基于共享单车的 PM2.5
移动监测研究

PM2.5的数值有轻微的超标现象，并且在此工业区范围内，PM2.5浓度普遍偏高，由于此工业区中混杂着部分民生项目（住宅用地），附近居民易受到大气污染物的暴露风险。

8.3.4　民生与工业用地间隔距离讨论

为探究主要特征污染物废气、噪声对民生项目用地的综合环境影响，将两者达标范围进行覆盖结合，提取两者都达标的范围区域。对于噪声分级，分级标准按照国标要求分为：居民区标准、混合区标准、未达居住标准。由图8-36可知，图中红色区域是噪声较为严重的部分，主要原因是此处在工厂外围，有强烈的机械运作声音。

空气质量分为两级，即达标和不达标；噪声分为三类标准，即居民区标准、混合区标准、未达居住标准。将噪声克里金插值模型分级图与图8-35（PM2.5监测克里金插值模型分级图）进行重叠提取，我们将分级标准调整为三类：空气达标、噪声优；空气达标、噪声良；未达标（图8-37）。

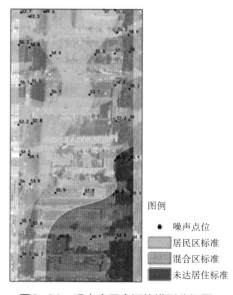

图8-36　噪声克里金插值模型分级图
（三级）

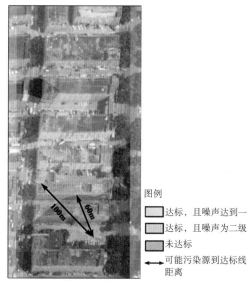

图8-37　噪声、废气克里金插值模型结合效果
分级图

由图8-37可以看出，红色区域为未达标区域，从噪声污染点源为起始点开始计算距离，按照所做的结合效果分级图，通过地图标尺和经纬度进行测量计算得出，空气质量达标且噪声良好的距离至少为60m，空气质量达标且噪声优的最佳间隔距离为100m以上。

在防护距离方面，住宅区一类环境噪声限值的昼间标准为55dB，作为计算中容许声压级分贝参考值。由于点声源呈现球面波进行扩散，噪声在空气中的传播，假设忽略空气介质的削减作用影响，则噪声强度与传播距离呈平方反比的削弱作用，示例如图8-38所示。

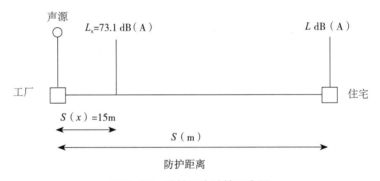

图8-38 防护距离计算示意图

$$L_x = L - 10\log_{10}\left(\frac{S_x}{S}\right)^2 \qquad (8\text{-}1)$$

式中 L_x——距声源15m处测得的声压级，dB（A）；

　　　L——容许声压级，dB（A）；

　　　S_x——噪声测量点距声源距离，m；

　　　S——防护距离，m。

$S_x=15$，$L_x=66.9$，$L=55$代入式（8-1）得：

$$66.9 = 55 - 10\log_{10}\left(\frac{15}{S}\right)^2 \qquad (8\text{-}2)$$

解之，得噪声防护距离$S=59.03$m。

由式（8-1）计算噪声污染防护距离得出，应当距离居民区60m处进行建

第 6 章
涉 VOCs 污染过程工况监控及
可视化数据平台开发项目

第 7 章
基于循环经济理论的锂电池全产
业链分析项目

第 8 章
宝安区工业用地对周边民生项目
环境影响调查研究

第 9 章
基于共享单车的 PM2.5
移动监测研究

厂，但由于此防护计算是按照单点源进行计算，在实际情况下，工业区的噪声为多点源，情况应该更为复杂，要保证同时不受所有声源影响的前提下，间隔距离需要加长，因此该基本防护距离的结果并未和我们实际测算的结果产生冲突。

此外，由于我们无法进入厂区，未能获得有效参数，对地形、气象条件等因素的影响考虑不周全，不能满足《环境影响评价技术导则大气环境》HJ2.2-2018中有关大气防护距离以污染物点源距离为起始点的计算方法，因此未能得出大气污染防护距离。

在防护措施方面，针对工业用地对周围民生项目的环境影响，在城市规划和城市更新中，应当采取积极有效的防护措施。从外部因素的角度，应当积极利用屏障进行声音阻隔，针对工业园区，应当将污染型设备尽量布置在工厂中间位置，将工厂其他规划建筑布置在其四周，对建筑采取吸声墙、隔声墙，错开高峰使用时间等工程、管理措施角度，削减其噪声、废气等环境影响，有效地实行降噪。针对民生用地，通过城市规划用地的角度，可将工业区附近民生用地以商业区等为主，居民区为次选择规划用地。例如在宝安区沙井街道，工业区较为集中、厂房规模较为完整且噪声来源设备布置合理，并且周围民生项目以商业规划用地为主，以"达标不扰民"为目的，进行城市更新和规划设计。

从内部因素的角度，降低声源是最直接有效的措施，这促使相关企业积极进行技术设备更新，尽量采用噪声小的工业流程。同时，对噪声源产生设备进行定期检查和维护，从源头上有效削减噪声分贝值。

8.3.5　局限性

本次研究内容范围较大，理论上来说需要足量的数据进行支撑，并且在分析过程中进行相互佐证，但是由于小组成员工作时间和能力限制，并没有达成理想的目标，在各个方面都有数据量的不足。

1. 噪声监测的数据量

对工业企业噪声的监测，应选取稳态下进行噪声监测或进行周期性监测。由于我们无法保证每一次监测时工厂设备的运行状况，应当采取周期性测试方法，需至少监测24h内的平均声级，获取等效声级。

在实际操作中，对每个点位进行了约5min的监测，在每个点取得了100个声级读数，仅反映了当时的稳态噪声，无法反映厂区制造噪声的情况，随机性较高，无法保证数据的科学性。

2. 空气质量监测的数据量

空气质量监测需要获取24h或一年的空气质量平均水平（环境空气质量标准），来减少天气状况等因素的随机性以及厂区排放的不确定性干扰。由于空气质量指数的浮动随着天气情况变化剧烈，短时间内的监测并不能反映该地区的真实情况。

在实际操作过程中，使用手持式自动监测仪器对该区域进行了约2h的测试，测试过程中设备移动较快（该设备支持车载），设备支持每秒自动取样分析，因此在该时间段内我们认为取得了较为准确的瞬时空气质量指数。由于测试持续时间较短，无法保证获取的数据能够代表当天的空气质量情况，和国家环境空气质量标准对比的过程中无法保证对比分级的准确性。

3. 人居影响调研的数据量

本项目最初计划进行覆盖调研区域的人居影响调查，主要以问卷发放的形式实现，目的是获取当地工业污染情况对周边居民的实际影响。问卷调查需要足够的样本来支持其准确性，根据踩点情况，初步预计需要至少50个研究对象，并且由于是进行手持问卷调研，回收率应初步估计为100%，问卷有效率根据初步调研中对问卷的测试，约为50%，因此需要选取至少100名受访者。

在实际操作中，由于当地居民的情况，问卷发放效果不理想，前期回收了20份问卷，问卷有效率约为30%，之后组内决定放弃问卷分发的方案，改为招募志愿者现场感受并填写问卷。由于招募结果不理想，未能收到有效数量的问卷，无法为噪声、空气质量的监测情况提供实际情况的支撑。

4. 噪声监测的数据准确性

在数据获取的过程中，由于设备、人员、时间等情况限制，我们获取的各方面数据的准确性、科学性都有待商榷。

在噪声监测过程中，由于人力有限，对不同测试点位的测试时间跨度较大，获取的数据既非周期噪声也不是该区域在某一时段的稳态噪声，其中第二次测试和第一次相隔时间约一周，很难保证两条道路两侧数据的一致性。

5. 空气质量监测

空气质量监测使用了可飞科技公司借用的灵嗅系列产品，精确度有一定保证。在监测过程中，移动时速控制在10~20km/h，在仪器正常使用范围内。监测时天气阴转晴，有风。由于不确定排放来源，无法确定监测的范围是否涵盖了当地所有的废气排放源排放情况。同时，PM2.5的主要来源还有道路车辆，当地有一定的车流量，并且由于是上坡，车速普遍较慢，PM2.5来源难以简单划归为工业排放，对项目结果的讨论造成了一定困难。

6. 人居影响调研

我们对获取的20份问卷进行了分析，发现当地相比工业排放，其他因素对于居民的影响更强。噪声方面，道路车辆、周边施工等在居民感受中更严重；空气质量方面，居民反映垃圾的不合理堆放对生活影响更大。尽管未能获取足量数据，我们还是得到了问卷准确性的几个干扰情况：（1）居民不配合，可能存在村集体内相互沟通的情况；（2）居民很难准确表述工业生产的影响，无法有效量化；（3）干扰因素多，干扰强烈；（4）居民主观想法强，误导回答较多。

8.3.6 小结和建议

本项目计划同时采用社会调查、噪声监测和空气质量监测评估宝安区的工业对周边民生项目的影响。根据实际情况，我们缩小了调研范围，选择了典型区域宝田三路沿线。调查过程中，社会调研方案进展不顺利，未能得到足够数据，因此主要采集了噪声、空气质量两方面的数据，根据分析结果，调研区域存在较多工改居民楼，部分工改居民楼受到了一定的工业污染影响。

对数据进行处理、可视化之后，对当地符合国家居住区标准的地段进行了标识，达标地段主要集中在宝田三路背面靠近平峦山一带。根据数据发现了较为严重的噪声污染源，且当地噪声均值整体较高，可以认为当地的工厂对周围存在一定程度的噪声污染。空气质量不达标区域占总调研面积约1/4，主要集中在宝田三路西南端靠近主干道的区域，我们认为道路对空气质量的影响较为明显，工厂存在一定影响但是无法确认。

　　本项目历时3个半月,基本完成了初期制定的监测数据地图制作。通过对典型区域案例的研究,得到:本案例中较为适宜的商住混合区布置距离应距离厂区至少60m,居住区、学校等应距离厂区100m以上。由于本项目仅对一个选定的调研区域进行了调研,因此该距离仅适用于调研区域的实际情况,其他地区的居民区和工业区的布置距离需要对布置区域进行详细的项目影响而考察决定。

　　通过对典型区域的研究,得到了宝安区工业用地对民生项目影响的一些结果。我们认为当地工厂周边存在的工改居民楼受到影响的比例较高,整体环境不适合居住,但是由于用地改造的问题仍然存在,亟需有关单位进行整治,这些地区也非常需要进行城市更新规划,来保证居民的居住环境和合法权益。

　　遗憾的是,由于条件限制和人员经验不足,我们未能获取足量且具有明确对比的数据,无法准确给出更加合适的规划方案以及当地环境对人居影响的准确反映,项目仍存在较大的改进空间。

　　根据合作企业给出的信息,结合国家相关标准,我们认为该课题需要在时间上做出规模的扩展。相关标准中环境空气质量数据有效性的最低要求中,最小时间跨度是小时平均[8],噪声是1min稳态[9],因此时间上的扩展尤为重要,时间拓展可以尽量排除工业污染在时间尺度上的不确定性干扰,以及天气等因素的外源干扰。根据本次课题研究中遇到的问题,我们设想了以下改进措施。

　　噪声方面:(1)在监测区域多个监测点设24h监测人员,如有条件,在监测区域较为敏感的监测点设置长期监测,保证数据的科学稳定;(2)区域短期监测持续一周左右,以减少宝安区工业园开工时间不稳定对检测结果的影响,尽可能地分别选取各厂开工和停工的时间进行稳态监测;(3)增加夜间噪声监测;(4)缩短每次完成整体监测的时间,减少时间尺度大带来的误差;(5)多仪器测试同一点,并根据平行数据取得均值,减少仪器互相之间的误差干扰,使最终结果尽可能标准一致;(6)和国标站进行对比测试,保证数据与国标的对比,用以修正数据或尽可能表征仪器本身对结果误差的影响。

　　空气质量方面:(1)使用小型电动自行车对所选范围进行多次反复覆盖测试,尽可能进行24h均值的监测,如果24h均值的监测较为困难,也应该尽量覆盖全天不同的时段;(2)监测持续一周左右为佳,以排除工作日/双休的影响;

第 6 章
涉 VOCs 污染减过程工况监控及
可视化数据平台开发项目

第 7 章
基于循环经济理论的锂电池全产
业链分析项目

第 8 章
宝安区工业用地对周边民生项目
环境影响调查研究

第 9 章
基于共享单车的PM2.5
移动监测研究

（3）尽可能排除来往车辆的影响，选取车流小的时段如夜间着重测试；（4）根据道路影响情况进行规划安排，并选取车流量类似的街区作为对照；（5）使用手持仪器测试的过程中，每行进一段路程应进行停顿，尤其是敏感点位，尽可能保证点位数据充足。

问卷方面：（1）多次覆盖所选区域，以取得更多问卷；（2）问卷的发放时间应尽可能长，可以持续1~2月；（3）扩大调查规模；（4）对问卷的引导能力反复修正，多次测试；（5）问卷的选择范围应该尽可能贴近量化方案，但同时也要尽可能让受试者能够很快地找到衡量标准；（6）必要情况下可用可控声源让接受测试者进行对比感受。

本项目是覆盖整个宝安区的调研项目，而目前实施的只能是经过筛选之后较为典型的区域，并不能反映宝安区整体情况。空间覆盖除了提高对整体情况的反映程度，同时也可以通过地区之间的比较，更好地得出结论，并且显著提高最终结果的准确性、合理性以及普适性。根据实施方案，除了对整个宝安区进行覆盖，还对典型区域研究提出了改进设想，如图8-39所示。具体阐述如下所示。

噪声方面：（1）增加点位数量，更贴近厂区围墙、建筑物以符合测试标准要求；（2）改善布点合理性，分布尽可能均匀，重点在工改居民楼，如有必要可以尝试进入居民楼进行监测以表征居民实际感受的噪声强度。

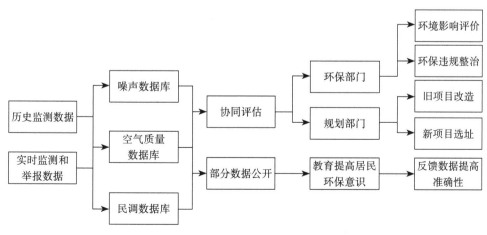

图8-39 项目拓展设想

空气质量方面：（1）选择不同工业片区的典型区域和同片区的多个区域，互作对比，分析不同种工业的排放；（2）除了典型区域内，对区域周围也应该做出同样监测，以观察除了区域内，工业片区对周边的影响。

另外，我们认为应建立覆盖空气、噪声、居民环境举报、居民感受调查等多源融合的数据库，以掌握完整的环境宜居信息。由于数据量较小，本项目在实施过程中未采用建立数据库的方式。但是本项目如果需要进行拓展，必须要优先建立城市环境数据库。数据库数据内容主要分为几方面：（1）居民反映的环境问题；（2）较长时间段内的噪声情况；（3）较长时间段内的空气质量情况；（4）一定数量的自动监测站点的监测数据。根据以上数据，政府相关的单位可以快速定位污染相关企业并责令整改。数据库可以有效地对现有的工业生产排放情况进行整合，找出工业对周围影响情况的严重程度和影响原因，同时获取环保、规划两个方面所需的数据内容。

本项目的意义不仅在于对现有情况的整合分析，一旦数据库成型，除了监测结果可以为环保部门提供执法依据和监管手段外，既有情况的分析可以为亟待进行城市更新的区域提供城市更新的可行性分析以及为规划方案设立依据。具体意义表现为：（1）在城市更新规划初期，通过工业片区之间的影响情况以及工业用地对周围影响的情况，提出城市更新的顺序规划，尽快解决污染严重区域，并且使更新区域尽可能地受到较小影响，居民生活情况得到实际改善；（2）在城市更新规划开始后，确定待更新区域周围的影响因素，并尽可能根据现有影响情况，给出短期的解决优化方案，保证更新区域居民的权利。

在本项目问卷调研中，发现当地居民对我们的调研并不配合，除了问卷的原因以及居民对陌生人的警惕等原因外，我们发现当地居民的环保意识不强，他们意识不到自己所处的是被污染的环境，而是已经习惯了对身体健康有较大损害环境。因此除了初期设立的对规划方面产生一些影响力的长远目标以外，我们还希望这个项目可以得到充分拓展，以一些宣传手段来提高居民的环保意识。根据数据库，我们可以将一些信息公开，帮助居民了解他们所处的环境对于身体健康等的影响。同时，采取一些鼓励的措施激励居民维护居住环境，积极反馈投诉违规企业。

第 6 章
涉 VOCs 污染源过程工况监控及
可视化数据平台开发项目

第 7 章
基于循环经济理论的锂电池全产
业链分析项目

第 8 章
宝安区工业用地对周边民生项目
环境影响调查研究

第 9 章
基于共享单车的PM2.5
移动监测研究

8.4

企业导师点评

"工业用地对周边民生项目影响"这个课题是针对深圳城市更新过程中衍生的新的环境社会问题开展的相关研究，具有重要现实意义，但也存在很大的难度，一是研究空间尺度大，二是分析数据获取难，三是评估技术要求高。课题组的同学们能够在3个半月的时间内，利用多种技术手段完成各项研究内容，形成这么详实的研究报告，难能可贵。

我总结同学们的成功做法主要体现在以下几方面：（1）充分理解课题研究目的，建立起清晰而准确的技术路线，且明确分工、各司其职；（2）找准西乡和沙井两个典型区域，既保证研究结论的代表性，又合理缩小了研究空间尺度；（3）通过问卷调查、现场监测、模拟评估多种途径获取数据，最大限度地保障了研究数据的有效性；（4）利用Noisesystem、ArcGIS等多种软件，实现数据分析和评估结论在空间分布上的可视化展示；（5）最后对研究存在的局限性及未来展望也做了非常深入的探讨。

虽然因时间、数据、专业技能等多种因素限制，更全面的项目研究未能展开实施，但能通过本次课题形成清晰的研究路线、确定主要的技术手段和识别关键的问题阻碍，已经达到课题研究的目的。

8.5

学生感悟

8.5.1　关于合作与分工

在本项目中，创新设计课程小组成员共分为三组：现场调研组、技术组、文案统筹组。现场调研组负责现场踏勘噪声、现场踏勘调研报告的撰写和废气及问卷的数据收集和处理；技术组负责数据可视化分析、废气（主要以PM10、PM2.5和VOCs数据为主）和噪声模型软件分析；文案组负责周、月报内容的排版及撰写，日常会议的组织、小组分工安排及后勤财务报销管理。三组交叉合作、互相协调，在每周的组会上进行每周工作总结，确保项目流畅实施，如图8-40所示。

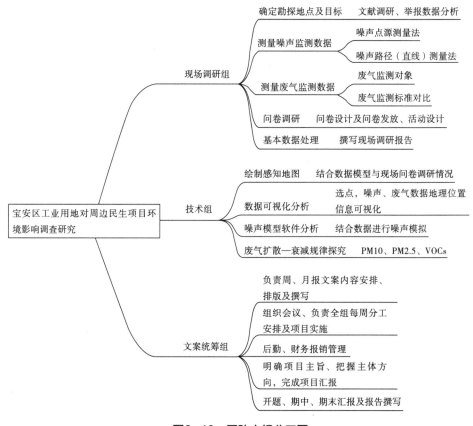

图8-40　团队小组分工图

8.5.2　成员感想

通过这门课，我学会了社会调研的技巧，包括如何与他人协调和沟通，如何

第 6 章
涉 VOCs 污染溯源过程工况监控及
可视化数据平台开发项目

第 7 章
基于循环经济理论的锂电池全产
业链分析项目

第 8 章
宝安区工业用地对周边民生项目
环境影响调查研究

第 9 章
基于共享单车的 PM2.5
移动监测研究

利用网络技术确定调研地点等。

——同学A

通过一个学期的项目经历，我学到了如何在小组合作里找到自己的定位，发挥自己的作用，高效地和大家合作，很有收获。

——同学B

我对城市更新中出现的民生环境问题有了深切的体会，发现的诸多问题非常有可能成为未来城市环境工程方面新的研究方向。在推进项目过程中，所遇到的困难和争论都是未来工作可能存在的，通过回顾、反思和复盘，对于提升个人能力、增强团队合作效率都有很大的帮助。

——同学C

这门课程提升了自身独立思考和团队合作的能力，通过多种角度对课题进行深入学习和探索，有效地提高了团队的创新能力，拓宽了原项目的深度和广度，为未来实际工作打下了基础。

——同学D

通过本次课程，我学习到了设计调查问卷的方法和技巧，并很大程度上锻炼了团队合作能力以及培养了创新意识，在导师和组员身上学到了很多不同的思考方式和解决问题的方法，受益良多。

——同学E

通过项目学习，懂得了如何寻找项目的关键点，并将项目关键点与整个项目内容相关联，通过关键点快速解决问题。这一套思考方式的实践，对我个人思考解决实际工程项目问题起到了很大的帮助，也能让我在今后遇到相关实际工程问题时具备一定的解决能力。

——同学F

西乡街道环境质量问卷调查

您好！我们是本地的大学生。为了解并提高附近居民的生活质量，我们正在对环境情况做一个调查，调查结果将会向有关部门反映。

1．请选择您觉得对您生活影响较大的噪声来源（多选）

[1] 交通（如：汽车等）

[2] 工厂（如：鼓风机等）

[3] 建筑施工（如：钻孔等）

[4] 社会活动（如：宣传等）

[5] 自然（如：鸟叫等）

[6] 其他:____________

2．请问您觉得您目前在多大程度上受到以下几种类型声音的影响？

（请按1–7评分，1–3表示没什么影响，7分表示无法受到这类声音的影响）

噪声来源	请打分
交通（如：汽车等）	□没什么影响1–2分 □可以适应3–4分 □烦人5–6分 □难以忍受7–8分
工厂（如：鼓风机等）	□没什么影响1–2分 □可以适应3–4分 □烦人5–6分 □难以忍受7–8分
建筑施工（如：钻孔等）	□没什么影响1–2分 □可以适应3–4分 □烦人5–6分 □难以忍受7–8分
社会活动（如：宣传等）	□没什么影响1–2分 □可以适应3–4分 □烦人5–6分 □难以忍受7–8分
自然（如：鸟叫等）	□没什么影响1–2分 □可以适应3–4分 □烦人5–6分 □难以忍受7–8 分
其他:	□没什么影响1–2分 □可以适应3–4分 □烦人5–6分 □难以忍受7–8分

第 6 章

涉 VOCs 污染源过程工况监控及
可视化数据平台开发项目

第 7 章

基于循环经济理论的锂电池全产
业链分析项目

第 8 章

宝安区工业用地对周边民生项目
环境影响调查研究

第 9 章

基于共享单车的 PM2.5
移动监测研究

3. 请问您经常受到噪声影响的时段是?

　　［1］夜间（23：00–07：00）

　　［2］清晨（07：00–09：00）

　　［3］上午（09：00–12：00）

　　［4］中午（12：00–14：00）

　　［5］下午（14：00–18：00）

　　［6］晚上（18：00–23：00）

4. 请问您觉得最吵的地方是哪里? 请大致描述方向/距离。如：一条马
　　路的距离内（约30米以内）、马路对面的某某厂区、一条街的距离
　　内（约500米以内）等。

5. 请选择您觉得对您生活影响最大的气味来源（多选）

　　［1］汽车排放 ［2］垃圾堆放 ［3］建筑施工（如：灰尘）

　　［4］工业生产（如：橡胶合成）［5］自然（如：动植物的气味）

　　［6］其他：＿＿＿＿＿＿＿＿

6. 请问您觉得您目前在多大程度上受到以下几种类型气味的影响?

（请按1–7评分，1–3表示没什么影响，7分表示无法受到这类气味的影响）

气味来源	请打分	
汽车排放	□没啥影响1–2分	□可以适应3–4分
	□烦人5–6分	□难以忍受7–8分
工业生产（如：橡胶合成等）	□没啥影响1–2分	□可以适应3–4分
	□烦人5–6分	□难以忍受7–8 分
建筑施工（如：灰尘等）	□没啥影响1–2分	□可以适应3–4分
	□烦人5–6分	□难以忍受7–8分
垃圾堆放	□没啥影响1–2分	□可以适应3–4分
	□烦人5–6分	□难以忍受7–8分
自然（如：动植物的气味等）	□没啥影响1–2分	□可以适应3–4分
	□烦人5–6分	□难以忍受7–8分
其他：	□没啥影响1–2分	□可以适应3–4分
	□烦人5–6分	□难以忍受7–8分

7. 您闻到恶臭气味大致时间段是？

　　[1] 夜间（23：00-07：00）

　　[2] 清晨（07：00-09：00）

　　[3] 上午（09：00-12：00）

　　[4] 中午（12：00-14：00）

　　[5] 下午（14：00-18：00）

　　[6] 晚上（18：00-23：00）

8. 您觉得气味最重的地方是哪里？请大致描述方向/距离：

_____

_____

感谢您配合我们的调查，我们将会尽快向有关部门反映您所说的情况，希望调查结果对改善您的生活环境有所帮助。

本章参考文献

[1] 廖开怀，蔡云楠. 近十年来国外城市更新研究进展 [J]. 城市发展研究，2017，24（10）：27-34.

[2] 刘贤春. 破"城中园区"之困解"达标扰民"之忧 [J]. 中国环境监察，2017，6：55-56.

[3] 赖正均. 破解城市"达标扰民"信访难题 [N]. 北京：中国环境报，2017.

[4] 深圳市宝安区统计局. 深圳市宝安区统计年鉴 [M]. 北京：中国统计出版社，2017.

[5] 吸声材料、结构吸声系数表 [EB/OL]. 2016 [2021-11-26] https://wenku.baidu.com/view/37aa20c7e2bd960591c67735.html?rec_flag=default&sxts=1576574172868

第 6 章

涉 VOCs 污染源过程工况监控及
可视化数据平台开发项目

第 7 章

基于循环经济理论的锂电池企产
业统分析项目

第 8 章

宝安区工业用地对周边民生项目
环境影响调查研究

第 9 章

基于共享单车的 PM2.5
移动监测研究

［6］沈阳鼓风机研究所（有限公司），浙江明新风机有限公司等. 通风机 噪声限值JB/T
8690-2014［S］. 北京：机械工业出版社，2014.

［7］Aiello L M，Schifanella R，Quercia D，Aletta F. Chatty maps：constructing sound maps
of urban areas from social media data［J］. R. Soc，2016.3：150690.

［8］中国环境科学研究院，中国环境监测总站. 环境空气质量标准GB3095-2012［S］.
北京：中国环境科学出版社，2012.

［9］中国环境监测总站，天津市环境监测中心，福建省环境监测中心站. 工业企业厂
界环境噪声排放标准GB 12348-2008［S］. 北京：中国环境科学出版社，2008.

第 9 章

基于共享单车的 PM2.5 移动监测研究

9.1

课题背景

9.1.1　中国PM2.5监测概况

随着我国城镇化程度不断提高，城市开始成为人和物资的主要集散地，同时也是空气污染源的集中地。传统的巨无霸式发展的城市中，存在着诸如机动车、餐饮业排放、工业源等不同强度的细颗粒物来源。这些颗粒物，尤其是粒径更小的PM2.5，对于城市居民的身心健康，尤其是儿童、孕妇及老人，造成了不可逆的伤害和负面影响[1]。

为了改善城市空气质量，我国政府自2016年以来开始在28个城市推行"2+26"城市大气网格化精细管理行动。该行动计划依托低成本的小微固定监测站，结合卫星、气象等大数据和污染源清单，依托网格化管理，实现对污染源的有效监管，最终达到降低城市细颗粒物浓度、改善城市空气质量的目的[2]。经过一段时间的运行，证明了网格化管理的有效性。

然而，小微固定监测站仍然存在成本过高、布设繁琐、运维困难等问题。同时，小微固定监测站的布设高度往往在25m以上，针对的是城市总体空气环境质量，其数据主要用于环境管理者实现环保管理。而通常PM2.5对人体健康有重大影响的悬浮高度均低于小微固定站的布设高度。此外，小微固定监测站在监控网格方面最小可达100m×100m，但解算精度严重依赖于大气模型精确度，也无法满足城市居民对个人空气质量实时监测的需求[3]。

9.1.2　个人监测设备与共享单车

针对目前空气质量监测的不足，互联网上也有一些个人便携式PM2.5监测设备在售。此类监测设备多采用夏普或国产的激光或红外颗粒计数器，能够实时测

第 6 章

涉 VOCs 污染源过程工况监控及
可视化数据平台开发项目

第 7 章

基于循环经济理论的锂电池全产
业链分析项目

第 8 章

宝安区工业用地对周边民生项目
环境影响源查研究

第 9 章

基于共享单车的 PM2.5
移动监测研究

定佩戴者周边的PM2.5浓度。由于没有联网功能，覆盖面很小，待机时间也较短，此类设备也起不到"聚沙成塔"的作用，对城市空气质量监测基本没有效果。

自2017年监管部门发布一系列规范共享单车发展的行业规章制度以来，全国共享单车市场发展总体呈现稳定增长趋势[4]。2019年5月起，北京开展为期一个月的互联网租赁自行车专项整治行动后，更加规范了共享单车的运营模式、使用区域范围。以北京为例，目前滴滴系在北京投放将近70万辆共享单车，阿里系（共享单车运营商单车）在北京则投放了20万辆。仅2019年上半年，北京市的共享单车日均骑行量为160.4万次，平均日周转率为1.1次/辆，折算投放车辆145.8万辆，全市自行车出行比例由2016年的10.3%增长至2018年的11.5%，共享单车已成为北京市公众出行的主要交通方式之一[5]。由于北京市政策限制，共享单车只能在六环以内运营，同时车辆的空间分布呈现了巨大的不均衡性。但是共享单车或多或少，最终的目的还是补充公共交通的"最后一公里"，方便市民出行。因此各大共享单车运营商均建立了人工智能调度和大数据分析平台，为车辆运维人员提供辅助，以求尽可能将共享单车部署在车站、办公楼等人员密集处[6]。

共享单车的随机性、分布密集性恰好弥补了当前雾霾监测中的关键一环。目前北京市布设有集"超级站-国控站-市控站-小微站（网格）-移动监测车"于一体的监测网络，但对于雾霾天气下出行最重要的个体暴露风险监测则有所缺失。由于布设在共享单车上的监测设备高度与个体在骑行状态下呼吸的气流高度最接近，因此能较好地反映个体在骑行过程中吸入的颗粒物量（以PM2.5计）。此外共享单车的使用频率、平均骑行距离和暴露时间也容易通过共享单车运营商的APP或附加程序得以统计，为评估健康暴露等后续课题的开展提供了必要的数据基础。

9.1.3 课题研究内容与难点

1. 课题研究内容

初选课题为"基于共享单车的PM2.5移动监测研究"。通过现场调研，形成DEMO项目的实施方案，包括运行模式、运行地点、运行时间、后勤维护等。

选择在京高校作为示范区域，分别投放助力车和自行车（图9-1），为日后开展DEMO项目建立基础。

2．主要难点和解决方法

纵观目前大气环境移动监测领域发展现状，本项目的项目难点和解决方法如下：

（1）监测频次和功耗之间的冲突和平衡问题。由于设备全部依赖于电池供电，过高的监测频次（例

图9-1　经过改造的带有PM2.5监测设备的共享单车（林斯杰摄）

如1s采集1个数据）会导致电池快速耗尽电能。在室内测试中，当设备以1s/次的速度不关闭风扇进行采样并上传数据时，其电池工作时长仅能维持5h，意味着2～3d就需要更换电池。为了减少运维工作量，避免频繁更换电池，需要在监测频次、设备启停状态和功耗之间做一个平衡考量。经过比较，本项目采取了降低监测频率到5s/次，同时加装了加速度和振动传感器，只有在车辆运动过程中才开启风扇进行采样，大幅度地将换电周期延长到11d左右（运维频次2.6次/月，相当于7～11.5d更换一次电池）。

（2）监测设备定位信号干扰问题。由于共享单车经常停放于车棚、楼道等遮蔽处，同时骑行过程中还伴随沿途建筑物的干扰，因此GPS/北斗定位信号（以下简称GNSS信号）经常受到干扰。为此，一是采取了设置定位卫星数量下限的方法来确定最少保障有6颗GNSS卫星的信号才认为取得的坐标为正确的坐标。二是借助通信基站，采用AGPS方法进行定位。

（3）监测设备数据上传中断问题。为了降低功耗，也避免多个设备同时向后台服务器推送数据导致的网络拥塞，从而产生上传数据中断的问题，本项目采用了本地存储延迟推送的方案。带有时间戳、坐标和监测浓度的数据记录先存储在本地设备的Flash芯片中，等到GNSS卫星信号稳定后，再启动4G传输模块进行数据推送。

（4）监测设备电源供应问题。本项目由于采用了人工换电模式，因此对于车辆的定位是非常重要的。考虑到共享单车的随机性，为了减轻维护工作量，采

第 6 章
涉 VOCs 污染源过程工况监控及
可视化数据平台开发项目

第 7 章
基于循环经济理论的锂电池全产
业链分析项目

第 8 章
宝安区工业用地对周边民生项目
环境影响调查研究

第 9 章
基于共享单车的 PM2.5
移动监测研究

用的是设备编号与车辆编号解耦的特性。但为了核实车辆运行状态，项目组仍然记录了车辆编号和设备编号的映射关系。

9.2 | 课题设计

项目组成员对DEMO项目执行时整个PM2.5监测系统和单车的表现进行评估，并提出未来改进的方向。对收集到的数据进行分析，并评估DEMO系统是否展现出了项目目标中所提出的要求。明确项目设计目前的局限性，包括电池寿命、效率和不确定性。提出进一步降低监测设备成本以供将来广泛使用的可能性。

9.3 | 项目实施

9.3.1 进度安排

根据上述项目的整体技术路线，制定了任务进度甘特图（表9-1）。

项目计划进度图　　　　表9-1

任务	2020年				
	8月	9月	10月	11月	12月
设计DEMO项目实施方案	■				
DEMO测试运行执行		■			
单车监测设备软件微调			■		
单车监测正式运营				■	■

9.3.2 场地概况

经过比选，选取了北京某大学作为试点场地。其单车运营情况如下：

（1）校区面积：500亩。整体呈长方形，其对角线距离约为2km（与北大面积接近，属于北京地区面积较大的高校）。

（2）校区内已有单车投放，总共约1000台，其中有700台为2020年新投放的五代新车，车况较好（图9-2）。

图9-2　批量安装设备后共享单车现场投放（林斯杰摄）

（3）前期运行数据表明，校区内单车翻台率约为10辆/d，开学期间可能更高，若单次骑行时间为10~15min，则每台单车期望的日平均骑行时间约为2h。

（4）目前校区内有专业+兼职运维人员4名（来自共享单车运营商），同时也有保安人员和志愿者帮忙运维。共享单车原则上不允许出校门（车体大梁贴有标识，出校门会被拦截），对收集、维护车辆较简单。

9.3.3 运维方案的实施

（1）运营人员配备

共享单车运营商需为该合作项目配备专门、专业的共享单车运营人员（以下简称运营人员），用于负责下文中设备安装、电池更换、损坏设备更替等工作。运营人员暂定2名，共享单车运营商可根据实际工作量进行评估，合理选定运营人员。

（2）设备安装

运营人员需在测试工作正式开始2~3d前将约120台监测设备牢固地安装至试点内共享单车运营商共享单车的车筐下，对设备进行编号（通过标签粘贴的方式），并记录下与设备对应的单车编号（图9-3）。预计单个设备安装时间为

图9-3　安装现场及培训共享单车运营商运维人员（林斯杰摄）

5~10min。

（3）对设备定期进行电池更换

由于设备使用了可充电电池进行供电，因此运营人员需在电池处于低电量时及时进行电池更换。设备装有灯光报警装置，当电池处于低电量时，灯光将不断闪烁以示提醒。测试期间，运营人员应在试点内定期巡逻，对处于低电量的设备进行电池更换，并对更换情况进行记录。除定期巡逻外，工作人员还将从后台观察电池电量情况，通知运营人员对低电量电池进行更替，以弥补巡逻期间未观测到的情况，运营人员收到通知后应及时前往单车所在地进行更替。低电量的电池在更换后应进行集中放置，并定期交由工作人员，工作人员在取走待充电电池的同时将为运营人员提供充满电的电池。

（4）对受损设备进行更替

运营人员在巡逻期间应注意观察设备的壳体状况，如出现明显的破裂、损坏，应及时更换设备，并对更换下的设备进行标记（通过标签粘贴的方式）。除巡逻外，工作人员还将从后台观察设备运行情况，当发现异常情况时，运营人员应根据要求前往单车所在地进行设备更替，并记录更替情况（更替时，可在表格中设备的对应编号上打叉，并注明更替原因）。替换下的受损设备需定期交由工作人员。

（5）运营车辆更替

当装有设备的单车由于出现受损情况而不可再被使用时，运营人员应将设备从车上拆下，安装至另一台完好的单车上，并更新设备对应的单车编号。

（6）运营车辆位置挪动

运营人员在定期巡逻过程中，如发现带有设备的运营车辆位于少有人经过的偏僻处，或接收到相关移动通知时，应将车辆挪动至人员相对密集的区域，以提高车辆使用频率。

（7）车辆运行范围管理

装有设备的车辆的使用范围应限制在试点内，当使用人员将单车骑出试点范围外时，运营人员应对其进行阻拦。

（8）运营期间定位支持

当设备内电池电量耗尽时，内部定位系统将停止工作。此时，共享单车运营商应提供后台定位支持，根据绑定单车的车辆编号定位设备所在位置，并告知运营人员进行电池更换。

（9）相关数据提供

测试完成后，共享单车运营商根据日常维护情况及后台监测情况，提供以下相关数据：运营期间带有设备的运营车辆的损坏率及损坏的主要原因、运营人员日常记录的电池更替及设备更替记录表、单车在运营范围内的W/M平均翻台率、运营车辆的单次平均骑行时间/骑行距离、运营车辆平均骑行速率及其他要求提供的非涉密数据。

9.3.4 运维数据分析

项目正式运行时间为2020年10月1日～2021年12月31日。运行期间，累计投放199台次，现场始终维持120台设备，最终回收设备96台，丢失率20%（图9-4）。主要丢失原因为共享单车随意停放在学校周边非规范停车区域，导致被城管或管理人员没收。如图9-5所示，设备故障率指标方面，累计投放199台次，确认故障56台次，故障率28.1%。主要故障原因为软件故障导致数据无法正确上传（36台次，占23.11%）、模块或结构损伤（16台次，占8.04%）、人为破坏损毁（4台次，占2.00%）。其中，质量最差的设备最高维修次数6次；质量最好的设备最低维修次数0次。人员现场换电池及运维次数为21次，月均2.6次。

第 6 章
涉 VOCs 污染源过程工况监控及
可视化数据平台开发项目

第 7 章
基于循环经济理论的锂电池全产
业链分析项目

第 8 章
宝安区工业用地对周边民生项目
环境影响调查研究

第 9 章
基于共享单车的PM2.5
移动监测研究

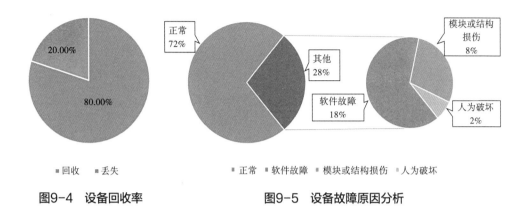

图9-4　设备回收率　　　　　　　图9-5　设备故障原因分析

9.4 数据分析和总结

在运行期结束后，将数据从MySQL数据库中导出。使用Python中的Ana-conda工具包结合百度地图API进行数据分析和可视化分析。

9.4.1　骑行数据分析

由于监测设备依靠加速度计（兼具有振动感功能）来感知共享单车是否运行，因此对于加速度的判断直接影响到设备是否启动采集工作流程。在骑行过程中尽管记录了骑行的起止时间，但同一设备的实际骑行情况仍然需要通过共享单车运营商单车提供的运维数据来进行校正。

（1）自行车骑行时间的处理与计算

处理之前时间记录格式见表9-2。

骑行时间记录格式表　　　　　　　　　　　　表9-2

开始时间	结束时间
2020/12/28 23:26:09	2020/12/28 23:35:43

处理方法：将所有数据导出，然后使用python中字符串内置的split（ ）函数，将所有数据切割成日期和时间两部分，便于后期计算时间差。

处理后时间记录格式见表9-3。

骑行时间处理后格式表　　　　　　　　　　　表9-3

开始日期	开始时间	结束日期	结束时间
2020/12/28	17:52:58	2020/12/28	23:35:43

（2）监测设备移动距离的计算

时间差的计算：先对所有数据进行排序，然后使用python的datetime包，对两个相邻的时间做差，得到两次数据之间的时间差，单位以秒计。

距离差的计算：距离计算的方法如下：

$$L = 2R \cdot \arcsin\left(\sqrt{\sin^2\left(\frac{WA-WB}{2}\right) + \cos(WA) \cdot \cos(WB) \cdot \sin^2\left(\frac{JA-JB}{2}\right)}\right) \quad (9-1)$$

式中　　L——两点之间的距离，km；

　　　　R——地球的半径，取值为6378km；

　　　　WA——第一点（取名为A点）的纬度；

　　　　JA——第一点（取名为A点）的经度；

　　　　WB——第二点（取名为B点）的纬度；

　　　　JB——第二点（取名为B点）的经度。

经过校正后，骑行数据统计分析结果如下：

（3）骑行时间

各监测设备在运行期间，其累计骑行时间最短为14min，最长累计骑行时间为289min，平均累计骑行时间为87min，累计骑行时间分布如图9-6所示；从每辆自行车数据来看，其平均骑行时间最短为3min/d，最长平均骑行时间为31min/d，平均值为9min/d，累计骑行时间分布如图9-7所示。

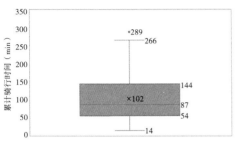

图9-6　全部自行车累计骑行时间分布

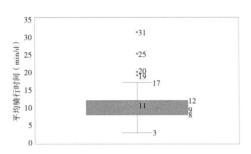

图9-7　每辆自行车平均骑行时间分布

（4）骑行距离

各监测设备在运行期间骑行距离指标上，累计移动距离最短为4km，最长累计移动距离为454km，平均移动距离为132km，全部监测设备的累计移动距离分布如图9-8所示；从每台监测设备来看，其平均移动距离最短为1km/d，最长平均移动距离为20km/d，平均值为7km/d，每台监测设备的平均移动距离分布如图9-9所示。

（5）骑行速度

运行期间，最大骑行速度15.3km/h，最小骑行速度0.1km/h，平均骑行速度5.8km/h。

（6）翻台率

监测设备在运行期间的翻台率指标指的是每个设备每天被启动，且认定为有效骑行的次数。运行期间平均日翻台率3.5次/d。该数据比前期调查中共享单车运营方提供的数据要低。其原因为：长期在运行期内的监测设备仅有120台，只占投放区所有共享单车数量（1000台）的12%，且投放地点较为集中，因此覆盖面很低，总体骑行翻台率不高。

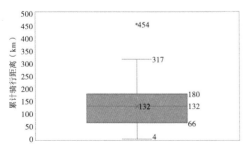

图9-8　全部监测设备的累计移动距离

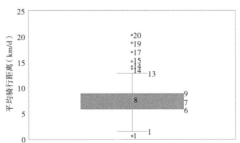

图9-9　每台监测设备的平均移动距离

9.4.2 监测数据分析

运行期间采集有效数据10997000条，通过设计的数据表记录了设备名称、uuid（统一事件编码）、采样时间、经度、纬度、PM10、PM2.5、PM0.1读数、电池电压。由于设备原理影响的精度原因，仅采用PM2.5数据。

根据监测数据，对运行区域主干道的基本PM2.5时空浓度分布进行了绘制，并进行了切片分析和对比。

（1）覆盖范围和频次

如图9-10所示，由于采用了封闭式管理，监测设备的覆盖范围总体上仍然保持在示范区范围内。其中北至示范区西路、南到示范区东路、西到示范区南大街、东到示范区北街。最中心热力点位在示范区东路操场对面，也是共享单车的投放点。次之的热力点位在8号楼附近、南门附近、花样年华附近、北街红绿灯十字路口处、化学实验中心北、校医院北门。这些地方包含了交通要道（红绿灯十字路口、校门口）、教学楼、宿舍楼、食堂、医院等学生日常生活高频前往的地方。通过覆盖范围，一定程度展示了骑行者的日常生活热点区域。

图9-10 覆盖范围热力图

第 6 章
涉 VOCs 污染源过程工况监控及
可视化数据平台开发项目

第 7 章
基于循环经济理论的锂电池全产
业链分析项目

第 8 章
宝安区工业用地对周边民生项目
环境影响调查研究

第 9 章
基于共享单车的PM2.5
移动监测研究

（2）监测数据覆盖范围和PM2.5浓度

如图9-11~图9-13所示，从总体上看，整个区域的污染物浓度主要存在于以示范区东路为中心的以北区域，以及南校门附近、实验中心附近的热点区域。结合三维建筑模型图可以看出，除东北角部分区域以外，其余几个浓度较高的热

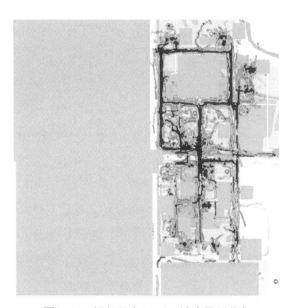

图9-11　运行区内PM2.5浓度累积分布

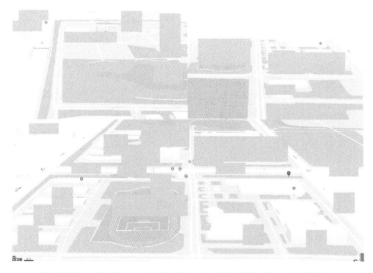

图9-12　典型回风口位置（从上到下依次为回字形建筑、L形建筑、十字路口）

225

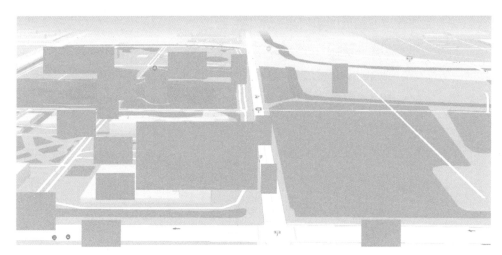

图9-13 非典型回风口且高浓度区域（周边无建筑物）

力点附近均存在大型建筑，构成了回风角或局部微气象区域。东北角区域附近尽管无建筑物构成回风角落，但仍然存在浓度高值，可能与更大范围的气象条件影响有关。

（3）秋、春两季和国控站对比结果

通过采集附近最近的一个国控站的PM2.5日数据（图9-14和图9-15），结合当日所有监测设备的平均值，分析秋、春两季监测设备数值和变化趋势是否和国控站存在显著差异。采用单因素方差分析方法进行分析，结论为二者之间变化趋势一致，且无统计学上差异。

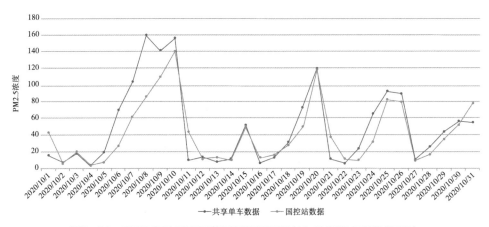

图9-14 2020年秋季离示范区最近的国控站与监测设备日均值对比

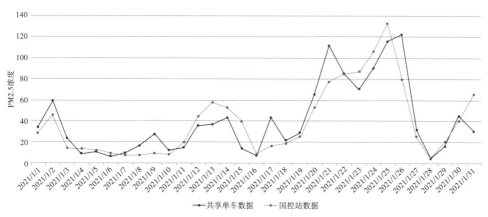

图9-15　2021年春季最近国控站与监测设备日均值对比

（4）典型道路的早、中、晚变化趋势

示范区北路和明理路为两条南北-东西走向、垂直交叉的道路。绘制两条道路10月份的早、中、晚PM2.5浓度（图9-16和图9-17）。除去两条路没有重叠监测数据的日期，其早、中、晚的监测数据变化趋势基本一致，也证明了此二条路可能同属于一个局部微气象环境。

（5）颗粒物暴露量试算

为了通过PM2.5的浓度分布计算一个理想成年人骑行者的暴露量，经文献调研得知，用吸入污染物总质量来量化骑行者的空气污染暴露程度。采用式（9-2）计算：

$$IM_{i,k}=c_i \cdot t_{i,k} \cdot BR_{i,k} \tag{9-2}$$

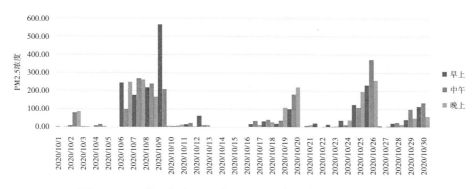

图9-16　示范区北路2020年10月早、中、晚PM2.5变化趋势

式中　*IM*——吸入PM2.5总质量，μg；

　　　c——一段路上的PM2.5浓度，μg/m³；

　　　t——骑行时间，min；

　　BR——骑行者单位时间内的空气吸入量，m³/min。

图9-18示例IM估测值（μg）：① 9.8；② 10.4；③ 11.8。

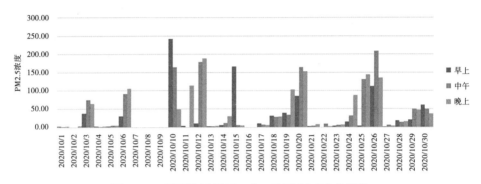

图9-17　明理路10月早、中、晚PM2.5变化趋势

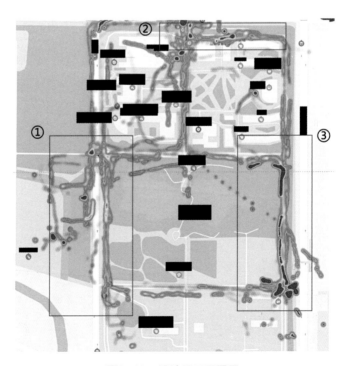

图9-18　沿途累积暴露量

第 6 章
涉 VOCs 污染源过程工况监控及
可视化数据平台开发项目

第 7 章
基于循环经济理论的锂电池全产
业链分析项目

第 8 章
宝安区工业用地对周边民生项目
环境影响调查研究

第 9 章
基于共享单车的 PM2.5
移动监测研究

则后续在此计算基础上可以开展出行路径预测和推算。

9.4.3 总结

通过本项目的实施，确定了基于共享单车的PM2.5监测设备的可行性，论证了人工换电模式可行性并发现了一些问题。在监测精度方面，通过比较近邻国控站的监测数据，在日浓度数据监测结果上与近邻国控站趋势一致。在微气象条件下浓度热点识别中，设备较好地识别了示范点边界内具有典型回风结构建筑或建筑群附近的高PM2.5浓度区域，提供了可解释成因。在骑行频次热力图上，反映了骑行者的日程行为。建议后续在设备和平台基础上，进一步拓展设备监测功能，增加噪声、VOCs、异味等环境因素监测。

本章参考文献

［1］丁镭，方雪娟，陈昆仑. 中国PM2.5污染对居民健康的影响及经济损失核算［J］. 经济地理，2021，41（7）：82-92.

［2］Li Tingkun, Bi Xiaohui, Dai Qili, Wu Jianhui, et al. Optimized approach for developing soil fugitive dust emission inventory in "2+26" Chinese cities［J］. Environmental Pollution，2021，285：117521.

［3］许慧鹏. 城市交通道路空气污染物的微尺度时空分布及预测研究［D］. 杭州：浙江工业大学机械工程学院，2019.

［4］交通运输部. 交通运输部等10部门联合出台共享单车发展指导意见实施鼓励发展政策规范运营服务行为［EB/OL］. 2017-08-03［2021-11-29］. http://www.gov.cn/xinwen/2017-08/03/content_5215643.htm

［5］北京晚报. 北京公布上半年共享单车运行情况：日均骑行量达160.4万次［EB/OL］. 2019-07-31［2021-11-29］. https://baijiahao.baidu.com/s?id=1640572673540255579&wfr=spider&for=pc.

［6］中国日报网. 摩拜开放出行大数据平台助力政府精准管理共享单车［EB/OL］. 2018-01-17［2021-11-29］. https://baijiahao.baidu.com/s?id=1589823122371823716&wfr=spider&for=pc.